KB177488

Greek

오늘부터 집에서,
그릭 요거트

박현주(참참)

매일 만들어 먹고 싶은
31가지 수제 그릭 요거트와
28가지 응용 레시피

Yogurt

동양북스

"맛있고 건강하기까지 한 그릭 요거트를
오늘부터, 집에서!"

'건강 챙길 나이'라는 말이 무색할 정도로 요즘은 모든 연령대가 일상 속 면역력과
건강 관리에 관심이 매우 많습니다. 특히 '다이어트식' 하면 굶거나 한 가지 음식만
먹는 무리한 방식을 떠올렸던 예전과 다르게, 맛있고 배부르게, 건강하게 먹는 식단을
선호하는 추세지요.

이런 트렌드에 딱 맞는 식품이 바로 그릭 요거트입니다. 그릭 요거트에는
프로바이오틱스가 풍부해 면역력 증진과 장 건강에 도움을 줍니다. 또한 크리미하지만
당류가 적어 크림치즈, 생크림, 마요네즈 대신 활용해 일반 식단을 다이어트 식단으로
재탄생 시킬 수 있고, 단백질이 풍부해 포만감이 크기 때문에 맛과 건강, 체중 관리도
놓치지 않게 해준답니다.

그래서 최근 들어 그릭 요거트는 아침 식사 대용 건강식품을 넘어, 디저트 시장까지
그 영역을 확장하며 수요가 꾸준히 늘고 있어요. 조금 더 건강한 디저트를 즐길 수
있는 하나의 방법으로 말이죠. 이런 상황을 반영하듯, 온오프라인 수제 그릭 요거트
전문점이 많이 생기고 있어요. 또한 집에서 그릭 요거트 만들 때 필요한 도구와 재료를
출시하는 브랜드도 늘어나 요거트 메이커, 유청분리기, 요거트 스타터 등 여러 관련
제품들이 출시되고 있습니다. 점차 집에서 누구나 손쉽게 그릭 요거트를 만들 수 있는
환경이 구축되고 있으니, 무척 반가운 소식이 아닐 수 없습니다.

제가 그릭 요거트의 매력을 알게 되고, 애정하게 된 지는 생각보다 오래됐습니다.
터키와 그리스에서 처음으로 그릭 요거트에 오이, 올리브, 토마토, 소금, 후추, 꿀을
살짝 곁들여 먹었었는데, 그 새로운 조합의 맛을 오래도록 잊을 수 없었어요. 이를
계기로 그릭 요거트에 푹 빠지게 되었죠. 해외에 나갈 기회만 생기면 다양한 요거트를
먹어보러 다녔어요. 그때만 하더라도 국내에는 그릭 요거트가 대중적이지 않았거든요.
자연스럽게 해외 자료들을 찾아보게 되었고, 집에서 그릭 요거트를 활용한 여러
요리를 만들어 먹곤 했습니다.

그러다 문득, '바나나우유, 딸기우유, 커피우유 등 혼합우유들로도 그릭 요거트를
만들 수 있을까?', '수많은 우유 브랜드 중에서 어떤 우유로 만든 그릭 요거트가 나의
취향에 맞을까?' 하나씩 궁금증을 해결하며 색다른 그릭 요거트 만들기에 도전! 어느새
저는 '그릭 요거트를 만들고, 먹는 것을 누구보다 좋아한다'고 자신 있게 말할 수 있는
사람이 되었고, 이를 인스타그램(@chobchop)에 기록하기 시작했습니다. 그렇게
#챱그릭라빈스31시리즈가 탄생하게 된 것이지요. 이 과정은 저에게 소소하지만
확실한 재미를 주었습니다. 특히 내가 좋아하는 맛의 새로운 그릭 요거트 만들기에
성공했을 때 행복함은 이루 말할 수 없을 정도였답니다.

집에서 그릭 요거트를 만들면 어떤 우유와 유산균 조합이 내 취향에 맞는지도 알아볼 수 있어요. 우유와 유산균의 조합에 따라 그릭 요거트 맛이 달라지거든요. 이런 점도 홈메이드 그릭 요거트의 큰 매력 중에 하나랍니다. 우유와 유산균 종류에 따라, 유청을 제거하는 시간에 따라, 첨가하는 부재료에 따라, 그릭 요거트의 맛과 질감이 달라지기에 시판 요거트에 나의 입맛을 맞추는 것이 아닌, 나의 취향에 맞는 요거트를 만들 수 있으니까요.

『오늘부터 집에서, 그릭 요거트』는 내가 좋아하는 맛의 그릭 요거트를 만들기 위해 잠들기 전에 우유를 발효시키고, 일어나자마자 몽글몽글 완성된 요거트를 마주하는 일상의 소소한 재미를 공유하고 싶은 마음을 담아 만들었습니다. 집에서 내가 먹을 거니까 부재료를 취향껏 듬뿍 넣을 수 있을뿐더러, 맛이 좀 없으면 어떤가요. 실패하면 또 어떤가요. 내가 먹을 거니까! 부담 없이 만들 수 있으니 더 즐거울 거예요

그릭 요거트를 자주 사 먹는다면, 플레인 그릭 요거트뿐만 아니라 여러 맛의 그릭 요거트도 궁금하다면, 그냥 먹는 것도 좋지만 그릭 요거트를 활용해 디저트나 샌드위치 등 건강한 요리를 만들고 싶다면, 그릭 요거트 만들기에 번번이 실패했다면, 이 책이 여러분께 큰 도움이 되줄 거예요.

오트밀에 이어 이렇게 그릭 요거트까지 하나의 재료를 다루는 레시피북을 출간할 수 있게 되어 매우 기쁩니다. 제가 정말 좋아하는 것을 많은 사람과 공유할 수 있음에 크게 감사하며 차근차근 준비했습니다. 시작부터 마무리까지 애써주신 동양북스 정보영 팀장님과 김유진 과장님, 그리고 저의 콘텐츠를 보며 늘 함께 즐거워해 주시는 인연들에 각별한 감사의 마음을 전하고 싶습니다. 같이 즐겨주셨기에 이렇게 한 권의 책이 완성될 수 있었답니다!

마지막으로 언제나 무조건적인 지지와 응원을 해주시는 부모님, 동생들, 특히 레시피에 대한 고민을 함께하고 항상 마침표를 찍게 해주는 동생 현정이에게 고마움을 전합니다.

그릭 요거트는 다른 어떤 것보다 집에서 만들어, 여러 음식에 활용하기 좋은 재료입니다. 이 책이 길잡이가 되어 더 많은 분이 조금 더 가까이, 쉽게, 홈메이드 그릭 요거트를 즐길 수 있기를 기대합니다.

자, 그럼 다 같이 **오늘부터 집에서, 그릭 요거트** 시작해볼까요?

- 박현주(챱챱)

contents

Chapter 1.	그릭 요거트

Chapter 2.	플레인 그릭 요거트 만들기

Chapter 3. | 챕 그릭 요거트 31

일러두기

1. 재료 분량은 중량을 기본으로 적고, 큰술, 작은술 계량을 병기했습니다.

단, 눈대중 계량이 훨씬 편리한 '챕터 5. 그릭 요거트 브런치 레시피'는 중량이
아닌 큰술, 작은술 계량을 기본으로 적었어요. 이때 큰술, 작은술은 집에서
쉽게 구할 수 있는 밥숟가락과 티스푼을 기준으로 했습니다. 이는 정확한
계량이 아니라 눈대중 계량이기 때문에 각 가정의 숟가락 크기나, 요리하는
사람에 따라 분량이 달라져 맛의 편차가 생길 수 있는 점 참고해주세요.

1큰술 ⬯	1작은술 ⬯
(밥숟가락으로 약간 소복하게)	(일회용 핑크색 숟가락으로 약간 소복하게)
• 가루류 10g	• 가루류 3g
• 액체류 10~12㎖	• 액체류 3~5㎖
• 시럽류(알룰로스) 15g	• 시럽류(알룰로스) 5~7g
• 콤포트류 15~20g	• 콤포트류 8~10g
• 그릭 요거트 15~20g	

2. 당류는 체중 조절 및 건강 관리를 위해 천연 감미료를 사용했습니다.

어떠한 맛도 첨가되지 않은 플레인 그릭 요거트는 당류를 첨가하지 않고
만듭니다. 단, 여러 가지 재료를 배합해 만드는 색다른 그릭 요거트나, 그릭
요거트를 활용한 디저트, 브런치 레시피에는 당류와 각종 양념이 들어갑니다.
이 책은 더 건강한 그릭 요거트 레시피를 지향하므로 특히 당류의 경우
칼로리가 비교적 낮은 천연 감미료, 스테비아나 알룰로스를 사용했어요.
천연 감미료가 아직 부담스럽다면 해당 재료들은 비정제설탕이나 일반 설탕,
올리고당으로 대체해도 좋습니다.

3. '플레인 요거트', '플레인 그릭 요거트'의 차이는 유청 제거 유무입니다.

재료명 중에서 '플레인 요거트'는 우유를 발효한, 1차 유청 제거 전 상태를
말하며 시판 플레인 요거트(호상 발효유, 떠먹는 요거트)를 사용해도 좋습니다.
단, 당류나 향이 첨가되지 않은 순수한 것을 고르세요. 이와 달리 '플레인
그릭 요거트'는 1차 또는 2차 유청을 제거한 상태의 요거트로 두 재료는 다른
재료이니 참고 바랍니다.

Chapter 1

Greek Yogurt

그릭 요거트

우유와 유산균. 단 두 가지 재료로 만들 수 있는 그릭 요거트는
대표적인 장 건강식품입니다. 또한 과일, 치즈, 초콜릿 등
다양한 재료를 활용해 여러 가지 맛의 그릭 요거트를 만들 수도
있고, 각종 메뉴에 활용해 색다른 디저트나 든든한 브런치로
즐길 수도 있는 만능 식품이기도 하지요.
이번 챕터에서는 그릭 요거트를 만들어보기 전에 그릭
요거트란 무엇인지, 사 먹는 일반 요거트와 무엇이 다른지,
꾸덕꾸덕하고 뽀얀 그릭 요거트를 가정에서 만들기 위해서는
어떤 재료와 도구가 필요한지 하나씩 짚어보고자 합니다.

그릭 요거트란?

미국 건강 매거진에서 세계 5대 건강식품으로
선정되며 국내에 본격적으로 소개된 그릭
요거트는 장수의 나라로 알려진 터키, 그리스
등 지중해 연안 지역에서 전통 방식으로 만들어
먹던 요거트입니다. 최근 다양한 연구 결과를
토대로, 장 건강과 면역력 증진에 효과적인
것으로 보고되고 있습니다.

그릭 요거트의 역사	그릭 요거트는 재미있는 역사를 가지고 있어요. 기원전 1만 년 전 아시아의 유목민들이 가축에서 짠 우유를 외부에 두었다가 우연히 자연 발효 과정을 거쳐 요거트가 되었다고 합니다. 그 이후 11세기부터 터키 음식 문화의 중요한 부분으로 자리 잡았고, 그들이 북미 지역을 포함해 전 세계로 그릭 요거트를 전파했다고 합니다. 그래서 요거트(yogurt)는 '응고되다'라는 터키어 'yogurmak'과 빽빽함, 되직함을 뜻하는 'yogun'에서 유래되었다고 알려졌습니다. 또한 그릭 요거트가 '그릭 요거트'로 불리기 전까지는 일반적으로 '요거트'라고 불렸는데요. 이 단어는 그리스의 한 기업에서 그릭 요거트를 제품화한 것의 제품명이에요. 실제로 이 '요거트'는 여과 방식으로 제조한 스트레인드 요거트(strained yogurt)로 미국, 유럽 지역의 마트에서 흔히 볼 수 있는 제품입니다. 이제 그릭 요거트는 이름만 '그릭' 요거트라고 해도 과언이 아닐 정도로 그리스 고유의 전통 음식이 아닌, 전 세계적으로 사랑받는 음식이 되었습니다. 우리나라 그릭 요거트 시장도 아는 사람만 알던 소수의 식문화에서 모두의 식생활로 자리 잡으며 더욱 주목받고 있습니다.
그릭 요거트를 만드는 두 가지 방법	그릭 요거트는 일반적으로 두 가지 방법으로 만들어요. 우유를 발효시킨 후 유청을 거르는 **여과 방식(strained)**과 우유를 오래 끓여서 농축률을 높인 후 발효하는 **농축 방식(concentrated)**, 두 가지가 있답니다. 우리에게 익숙한 그릭 요거트는 대부분 첫 번째 방법인 여과 방식으로 만들어집니다. 수분이 제거되므로 질감이 단단하고 동시에 맛도 일반 요거트보다 진하지요.

**맛있는 건강식품,
그릭 요거트**

원유를 농축해서 만드는 그릭 요거트는 일반 요거트보다 유산균이
약 20배나 많이 함유되어 있습니다. 이 유산균은 대부분 장내
유익균이라 건강 증진, 면역력 향상에 도움을 준다고 해요. 또한,
일반 요거트에 비해 탄수화물은 절반 정도로 적고, 농축된 단백질이
풍부해 포만감을 주지요. 게다가 유청과 함께 당분과 나트륨 등이
빠져서(여과 방식으로 만든 그릭 요거트에 한함) 식습관을 관리하는
분이나 다이어터, 건강을 신경 쓰는 분에게 적극 추천하는
식품입니다.

꽤 많은 장점을 가지고 있죠? 그뿐만 아니라 요리 재료로써 그
활용도도 무궁무진하답니다. 칼로리가 높아 부담스러웠던 마요네즈,
크림치즈, 사워크림 대용으로 얼마든지 활용할 수 있으니까요. 물론
그냥 먹어도 정말 맛있지요.

시판 요거트와 수제 그릭 요거트

우리가 어릴 적부터 먹었던 시판 요거트는 대부분 유청을 많이
제거하지 않은 부드러운 제형입니다. 또한 건강식품이라고 하기에는
당 성분과 부재료가 많이 들어 있어 '당덩어리'라는 오명을 쓰기도
했지요. 그럼 수제 그릭 요거트는 시판 요거트와 뭐가 다른 걸까요?
시판 요거트에는 어떤 종류가 있는지, 그리고 수제 그릭 요거트와는
어떤 점이 다른지 비교해가며 설명해 드릴게요!

시판 요거트

대형 마트뿐만 아니라 요즘에는 가까운 편의점만 가도 요구르트, 요거트, 요플레, 플레인 요거트, 그릭 요거트 등 정말 다양한 발효 유제품이 있죠. 같은 듯 다른 모습들로 우리를 헷갈리게 합니다. 시판 요거트 종류를 간단하게 정리하면

①**요구르트**와 ②**요거트**는 발효유의 한 제품을 지칭하는 것입니다. yoghurt, yogurt의 영어식 이름이지요. 즉, 요구르트와 요거트는 같은 식품을 다르게 부르는 것이라 할 수 있습니다. 국내에서 각 제품의 명칭이 대명사처럼 사용되면서 마치 다른 식품처럼 느껴지게 된 것입니다. 이 두 가지는 사실 표준어로 '요구르트'라고 지칭해야 하지만, 이 책에서 소개할 식품이 그릭 요거트인 만큼, 이 책에서는 발효유에 해당하는 유제품들을 '요거트'라고 지칭할게요.

③**요플레**는 다들 아시다시피 우리나라 모 기업의 호상 발효유(떠먹는 요구르트) 제품명이에요. 국내에서 떠먹는 요구르트 제품 중 가장 인지도가 높아 대명사처럼 쓰이면서 발효유의 한 종류로 인식되고 있기도 하죠.

④**플레인 요거트**는 플레인(plain)의 뜻 그대로 맛과 향을 첨가하지 않고 발효 과정만 거친, 유청 빼기 전 상태의 묽고 부드러운 요거트를 말합니다. 설탕, 색소, 향 등의 첨가물을 넣지 않은 우유색 유제품이지요. 시판 플레인 요거트의 원재료를 확인해보면 설탕, 젤라틴, 유화제가 들어 있는 경우가 있으니 정말 플레인 요거트인지 잘 따져보고 구입하세요.

마지막으로 ⑤ <u>**그릭 요거트**</u>는 플레인 요거트의 유청을 제거하기 위해 압착의 과정을 거친 것입니다. 하지만 기업에서 생산하는 시판 그릭 요거트의 원재료를 눈여겨보면 그릭 요거트 '스타일'인 제품이 꽤 많아요. 우유 농축 분말과 인공첨가물들을 혼합하여 만든 제품도 있지요. 이 경우 유청이 많이 빠진 상태가 아니라서 질감이 부드럽다는 특징이 있습니다. 최근에는 유청을 제대로 제거해 꾸덕꾸덕한 그릭 요거트를 판매하는 전문 매장도 많이 늘고 있어요. 하지만 구매 접근성이 좋아졌다고 해도 사실 매일 사 먹기에는 가격이 다소 부담스럽기 때문에 아직까지도 구매를 망설이는 분이 많은 게 현실입니다.

수제 그릭 요거트

수제 그릭 요거트는 일반적으로 오로지 우유와 유산균만을 사용하여 여과 방식으로 만듭니다. 인위적인 당 성분을 첨가하지 않아 건강에 도움을 주는 식품임은 물론이고, 시판 그릭 요거트보다 비교적 경제적으로 만들 수 있어 부담을 덜 수 있습니다. 수제 그릭 요거트의 가장 큰 장점은 개인 취향에 따라 더 부드럽게, 또는 더 꾸덕꾸덕하게, 원하는 식감을 만들 수 있다는 것! 게다가 내가 원하는 맛의 그릭 요거트를 직접 조합해 만들 수 있다는 점입니다. 반면 수제 그릭 요거트는 만들 때 꽤 많은 시간이 필요하다는 단점이 있습니다.

그렇지만 '그릭 요거트는 시간이 만들어주는 식품'이라고 할 정도로 우리가 할 것은 별로 없어요. 잠들기 전에 발효를 시작하여 일어나면 발효가 끝나게 타임라인을 정해두면 제조가 훨씬 수월해진답니다.

시판 요거트

| 장점 | • 어디서든 쉽게 구매할 수 있다. 구매 접근성이 좋다. |

| 단점 | • 대체로 질감이 묽고 원재료에 설탕, 인공 색소, 향 등 첨가물이 들어 있는 제품이 있다. |
| | • 꾸덕꾸덕한 시판 수제 그릭 요거트는 매우 비싸다(보통 100g에 3~4천 원 선, 과일, 초콜릿 등 맛을 첨가한 그릭 요거트는 100g당 5천 원 이상). |

수제 그릭 요거트

장점	• 우유와 유산균만 있으면 집에 있는 도구로 만들 수 있다.
	• 내가 원하는 정도의 질감에 맞춰서 여러 가지 맛을 조합해 만들 수 있다.
	• 재료비가 합리적이다.

| 단점 | • 완성되기까지 시간이 많이 소요된다. 하지만 저녁 시간을 활용하면 단점을 보완할 수 있다. |

그릭 요거트 만들기 기본 이해하기

그릭 요거트가 어떻게 만들어지는지 과정을
알면, 누구나 쉽게 집에서 그릭 요거트를 만들 수
있답니다. 도구와 재료가 정말 간단하거든요!
각 과정마다 어떤 것들이 필요한지 한눈에 보기
쉽게 정리해 차근차근 알려드릴게요.

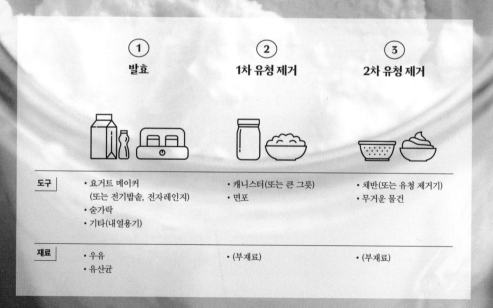

	① 발효	② 1차 유청 제거	③ 2차 유청 제거
도구	• 요거트 메이커 　(또는 전기밥솥, 전자레인지) • 숟가락 • 기타(내열용기)	• 캐니스터(또는 큰 그릇) • 면포	• 채반(또는 유청 제거기) • 무거운 물건
재료	• 우유 • 유산균	• (부재료)	• (부재료)

발효

그릭 요거트 만들기 첫 단계는 바로 '발효하기'입니다. 우유와 유산균이
만나 적정 온도와 시간을 거쳐 발효가 이루어지지요. 이때 유산균
개체수가 점점 늘어나 배양이 되면서 우유 내 단백질이 응고됩니다.
앞서 말한 것처럼 장 건강과 면역력에 특히 좋은 그릭 요거트를 만들기
위해서는 이 과정이 필수랍니다.

도구

요거트 메이커(또는 전기밥솥, 전자레인지)

요거트 메이커

우유를 발효시킬 때 각자의 상황과 여건에 따라 다양한 도구를 활용할 수
있지만, 저는 그중에서 **요거트 메이커**를 추천하는 편이에요. 그 이유는 요거트
메이커는 일정한 온도를 일정한 시간 동안 유지해 줘 유산균이 살기에 매우
적합한 환경을 만들어주기 때문입니다. 그래서 성공 확률이 높고, 처음 설정
후에는 신경을 쓰지 않아도 돼 매우 편리합니다.
또한 여러 가지 맛을 첨가한 그릭 요거트(본 책 챕터 3)를 만들기 위해서는
우유와 유산균, 다른 부재료들도 함께 섞어 발효시켜야 하는데, 요거트
메이커로 만들었을 때 다른 도구보다 성공 확률이 아주 높았답니다. 부재료가
첨가되면 플레인 그릭 요거트와는 다르게 온도와 시간에 더 영향을 많이
받는데, 그러한 점에서 요거트 메이커가 적합했던 거죠. 제품군에 따라
종류도, 가격대도 정말 다양하니 그릭 요거트를 자주 만들어 먹는다면, 하나쯤
구비해도 좋을 것 같아요!
그리고 주방 기기 중 '발효' 기능이 있는 제품이 있다면, 이것으로도 요거트를
만들 수 있어요. 멀티 쿠커와 같은 제품이 해당합니다. 특히 멀티 쿠커는
요거트를 대량으로 만들 수 있으니 집에 있다면 한번 도전해보세요! 그뿐만
아니라 전기를 사용하지 않고 만들 수 있는 제품도 있어요. 뜨거운 물을 보온
통에 넣어 온도를 유지하는 원리인데, 이 도구를 사용한다면, 겨울에는 외부
온도가 낮으니 수시로 체크해주세요!

그 외에도 전기밥솥과 전자레인지로도 발효 과정을 진행할 수 있습니다. 특히 **전기밥솥**은 크기에 따라 대량으로 만들 수 있다는 장점이 있어요. 더 자세한 이야기는 51쪽에 소개했으니 전기밥솥으로 만들어볼 계획이라면 꼭 읽어보세요.

전기밥솥

전자레인지로도 요거트를 만들 수 있답니다. 우유의 온도를 높인 후 밀폐된 공간(전자레인지 내부)에서 온도를 유지시켜 발효한다는 원리지요. 혹시 집에 있는 전자레인지에 '발효' 기능이 있다면 시간을 설정해주어도 돼요. 전자레인지는 냉장고에서 갓 꺼낸 찬 우유도 바로 데워서 사용할 수 있는 편리함이 있어요. 다만, 오래된 전자레인지는 문이 꽉 닫히지 않는 경우 밀폐가 되지 않아 온도 유지가 어렵고, 이 때문에 발효가 제대로 되지 않으니 주의하세요. 더 자세한 주의사항과 온도 유지 팁은 52쪽에서 확인하실 수 있습니다.

전자레인지

숟가락

우유와 유산균을 고루 섞을 때 사용합니다. 스테인리스와 같은 금속 소재가 유산균과 만나면 산화 반응으로 유산균이 파괴된다는 이야기가 있었지만, 잘못 알려진 상식이라고 해요. 실제로 요거트를 만드는 공장의 기계들은 모두 스테인리스라는 사실! 나무, 플라스틱, 스테인리스 등 어떤 소재를 사용해도 좋아요. 다만, 코팅이 벗겨졌거나 녹이 슬어 있는 스테인리스 숟가락, 사용 흔적이 많은 나무 숟가락을 사용하는 건 위생적으로 좋지 않으니 주의하세요.

내열용기

전자레인지로 발효할 때 필요한 도구예요. 그릭 요거트를 만들 때 가장 중요한 요소 중 하나가 온도이기 때문에 따뜻하게 장시간 유지될 수 있는 내열용기를 사용하는 것은 매우 중요하답니다. 구매하는 용기에 내열 기능이 있는지 꼭 확인하세요.

재료

우유

그릭 요거트는 유제품, 말 그대로 '우유로 만든 식품'입니다. 그렇기에 우유는 빼놓을 수 없는 재료입니다. 일반적으로 마시는 흰 우유부터 저지방우유, 무지방우유, 초코우유, 딸기우유, 바나나 맛 우유 같은 '00 맛 우유'까지 생각보다 우유는 종류가 매우 다양합니다. 그릭 요거트를 만들 때 지금 언급한 대부분의 우유를 사용해도 되지만, 일반 흰 우유를 제외한 것들은 몇 가지 주의할 점들이 있어요! 30쪽 Q&A를 꼼꼼하게 읽어본 후 필요한 것을 고르세요.

유산균

누구나 쉽게, 집에서 요거트를 만들 수 있게 해준 일등공신은 바로 유산균입니다. 우유를 발효할 때 쓰이는 종균(발효에 이용되는 미생물)인 유산균 함유 제품이 시중에 정말 많이 나와 있는 덕분이지요. 제가 수차례 테스트를 해본 결과, 그릭 요거트를 만들 때 가장 적합한 유산균 제품은 ①**드링크 발효유**(농후 발효유의 일종으로 우유 같은 색의 마시는 요거트), ②**호상 발효유**(농후 발효유의 일종으로 떠먹는 요거트)이며, 그 외에도 건강 기능성 식품으로 많이 섭취하는 ③**캡슐 또는 가루형 유산균**이나 요거트를 쉽게 만들 수 있게 생산된 제품, ④**유산균 스타터**도 추천해요.

드링크 발효유   호상 발효유

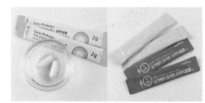

캡슐 또는 가루형 유산균   유산균 스타터

우리가 만든 플레인 요거트도 농후 발효유 역할을 할 수 있어요. 플레인 요거트를 만든 후 100~150㎖ 정도를 남겨놓고, 우유와 섞어서 발효시키면 재배양 과정을 통한 새로운 플레인 요거트가 완성된답니다. 계속 재배양하는 경우엔 교차 오염 가능성이 있으니 1~2번 정도만 재배양하는 것을 권합니다. 선택의 폭이 정말 넓죠? 다만, 유산균 함량에 따라 발효의 성패가 좌우되는 것은 물론이고, 유산균은 미생물이기 때문에 온도와 시간 등 적합한 환경을 잘 맞춰주어야 합니다. 그러니 유산균은 꼼꼼히 살펴서 구매하고, 발효 시 주의 깊게 살펴주세요.

• Q&A 31쪽 참고

1차 유청 제거

우유가 유산균을 만나 잘 발효되면 묽은 요거트가 만들어집니다.
만들어진 직후에는 온도가 높아 요거트가 더 묽기 때문에 냉장실에서
냉각시켜 조금 경화시킨 후 두 번째 단계인 1차 유청 제거 과정을
진행합니다. 유청(乳淸, whey)이란 종균인 유산균이 우유 속 당류를
분해하면서 만들어진 젖산이 우유 속 단백질과 만나, 변성되어 응고된
뒤 남은 액체입니다. 다양한 방법으로 제거한 유청은 맑고 연노란색을
띱니다. 만약 유청이 뿌옇고 탁하다면, 제대로 걸러지지 않은 상태이니
중간중간 확인해보세요.
이 유청을 많이 빼줄수록 더 꾸덕꾸덕한 그릭 요거트를 만들 수 있어요.
이 과정을 거치면 우리가 일반적으로 요거트라고 생각하는
떠먹는 요거트보다 조금 더 경화된 요거트가 만들어져요.

도구

캐니스터(또는 크고 긴 통, 채반)

유청을 제거할 수 있는 도구도 꽤 다양합니다. 하지만 제가 가장 추천하는
도구는 원래 파스타 면, 곡물 등을 보관하기 위한 용도로 쓰였던
'캐니스터'예요. 용기 자체가 길쭉해서 위쪽에 면포를 올리고 요거트를 넣으면
중력의 힘으로 유청이 아래로 더 잘 빠지고, 요거트가 바깥으로 흐르지 않아
경제적이랍니다. 캐니스터가 없다면 2L 이상의 요거트를 담을 수 있는 크고
긴 그릇이나 통을 사용해도 좋아요. 되도록 유리 재질의 용기를 사용하세요.
그 외에 채반으로도 유청을 제거할 수 있어요. 책에서는 2차 유청 제거
시에만 사용되지만, 1차로 유청을 제거할 때에도 같은 방식으로 해도 돼요.
단, 캐니스터를 활용하는 것보다는 요거트가 넓게 퍼지므로 잘 모아서 면포로
여민 후 유청을 제거하세요.

면포 (또는 일회용 순면 거즈, 커피 필터)

면포는 1차 유청 제거 과정뿐만 아니라 2차 유청 제거 과정에도 꼭 필요한 도구입니다. 조직이 촘촘한 것이 좋으며, 세척과 보관이 정말 중요하니 33쪽을 참고해 깨끗하게 관리해주세요. 만약 깨끗하게 관리할 자신이 없는 분들은 일회용 순면 거즈를 사용하는 것도 추천해요. 사용 후 버리면 되므로 매우 편리하죠. 또한, 여러 가지 재료를 섞어 만드는 그릭 요거트 유청을 제거할 경우, 면포에 물이 드는 경우가 있는데 이때 일회용 거즈로 대체해도 유용합니다. 단, 면포보다 조직이 엉성해서 구멍이 크므로 3~4장 겹쳐서 사용해야 합니다.

한 끼 분량 정도 되는 적은 양의 그릭 요거트를 만들 때는 커피 필터를 이용해도 돼요. 커피 드리퍼 위에 필터를 올린 후 요거트를 부어 유청을 제거할 수 있습니다. 전날 만들어 다음 날 아침에 가볍게 즐길 수 있는 꿀팁이에요.

재료

1·2차 유청을 제거할 때 특별히 필요한 식재료는 없습니다. 만약 플레인 그릭 요거트에 익숙해졌다면 1차 유청 제거 시 다양한 부재료를 넣어 색다른 그릭 요거트를 만들 수도 있지만요. 그릭 요거트에 맛을 더해줄 다양한 부재료에 대해서는 36쪽에서 자세히 소개하니 참고하세요.

2차 유청 제거

유청을 2번 제거해야 비로소 우리가 아는 꾸덕꾸덕한 식감의 그릭
요거트가 됩니다. 1차 유청 제거 때와는 다르게 2차 유청 제거 시에는
각자의 기호에 맞게 제거하는 유청의 양을 조절할 수 있습니다.
더 무거운 물건을 올릴수록, 더 오래 둘수록 유청이 많이 빠지니
참고하세요.

도구

채반과 무거운 물건(또는 유청 제거기)

2차 유청 제거 방식도 1차 제거와 비슷합니다. 유청이 한곳으로 모아질
수 있도록 채반이 걸쳐지는 그릇이나 캐니스터 위에 **채반**을 올리고 1차로
유청을 제거한 그릭 요거트가 담긴 면포를 넣습니다. 그 위에 **무거운 물건**을
얹어주세요! 500㎖ 생수병, 물을 채운 물병, 누름돌, 아령 등 가정에 있는 어떤
것도 좋아요. 단, 위생을 고려해 면포를 비닐로 감싸고, 그릇으로 덮은 후
올리세요.

요즘에는 **유청 제거용 제품**도 많이 출시되고 있습니다. 구하기 어렵다면, 치즈
만들 때 쓰는 치즈 메이커를 활용해도 좋아요. 저는 거의 2차 유청 제거
시에만 이 도구를 사용합니다. 1차로 유청이 어느 정도 제거된 상태여서
부피가 작아 유청 제거용 제품을 사용하면 공간을 덜 차지해서 훨씬 편리해요.
요즘은 압력을 가하는 기능이 있는 제품까지 출시되고 있다고 하네요.

채반

유청 제거기

더 꾸덕꾸덕한 그릭 요거트 만들기

한쪽에만 압력이 가해지면, 유청이 골고루 빠지지 않아 일부분만
꾸덕꾸덕해집니다. 그러므로 유청을 제거하는 동안 무거운 물건의
위치를 옮겨주거나, 면포를 다시 여며 방향을 바꿔주면 훨씬
꾸덕꾸덕하고 수분감이 적은 묵직한 그릭 요거트를 만들 수 있어요.
또한, 면포가 이미 유청을 많이 머금고 있을 수 있으니 2차 유청 제거
후에는 면포를 돌돌 말아서 꽉 짜주면 유청이 더 많이 제거되어 더
꾸덕꾸덕해집니다.

보관용기

완성된 그릭 요거트는 열탕 소독하여 햇빛에 바짝 말린 유리용기에 담는 것이
좋아요. 반드시는 아니지만, 그릭 요거트는 유산균으로 만들어진 식품이라
환경에 따라 균이 잘 번식할 수 있으니 다른 용기보다 위생적인 유리용기를
권장합니다.

Q&A

더 자세히 알고 싶어요!

[우유 선택 기준]

Q1. 저지방우유나 무지방우유를 사용하면 안 되나요?

가능해요! 저지방, 무지방, 멸균, 저온 살균우유 등도 모두 사용 가능합니다. 단, 유청이 빠지는 양을 비롯해 질감, 맛 등이 일반 흰 우유와 확연히 달라지니 유의하세요. 우유의 지방이 적어질수록 고소한 맛과 묵직한 꾸덕꾸덕함이 줄어들어요. 그러니 되도록 일반 우유로 먼저 만들어본 후 서서히 다른 우유로 시도해보는 것을 추천합니다. 만약 체중 조절을 위해 칼로리나 지방 함량이 낮은 그릭 요거트를 만들고 싶다면, 일반 우유와 저지방우유(또는 무지방우유)를 1:1 비율로 섞어서 사용해보세요(예: 일반 우유 450㎖+저지방우유 450㎖).

Q2. 우유를 두유로 변경해도 되나요?

네! 가능합니다. 단, 무가당 콩 100% 두유를 사용해야 건강한 요거트를 만들 수 있으니 두유를 고를 때 참고하세요. 또한 이때 유산균 제품으로 농후 발효유 대신 시판 비건용 요거트 스타터를 사용하면 완전한 비건 그릭 요거트로 만들 수 있어요. 콩이 발효된 쿰쿰한 향과 고소한 맛이 나는 두유 그릭 요거트는 호불호가 강해 마니아층과 비호감층이 극명하답니다. 나는 과연 극호일지, 불호일지 궁금하다면, 오늘 시도해보세요!

Q3. 향과 맛이 첨가된 00 맛 우유를 사용해도 되나요?

저도 호기심을 가지고 시도해보았던 적이 있어요. 결과는 대성공! 단, 00 맛 혼합우유를 고를 때는 '원유 함유량'을 꼭 확인해야 합니다. 원유 함유량 50% 이상인 것을 고르고 만약 50%가 넘지 않는다면, 흰 우유(원유)와 섞어서 사용하세요. 또한, 요거트 메이커 외의 도구 이용 시 실패 확률이 높으니 이 점도 참고하세요.

[유산균 선택 기준]

Q1. 발효유, 농후 발효유 등등 명칭이 헷갈려요! 어떤 제품을 사용해야 할까요?

일상 용어가 아니어서 낯설게 느껴지시죠? 저는 간단명료하게 "그릭 요거트 만들 때는 농후 발효유를 쓰세요"라고 말씀드려요. 실패가 적고 편리하거든요. 이 책에서도 농후 발효유를 사용합니다.

우선, 발효유는 원유 또는 유가공품을 젖산균(락트산) 또는 효모로 발효시킨 것입니다. 발효유는 무지유 고형분(수분과 유지방을 뺀 나머지 성분)이 3% 이상, 유산균 수는 1㎖당 1천만 마리 이상인 제품이에요. 그중에서 '농후 발효유'라고 이름 붙이려면, 무지유 고형분이 8% 이상, 유산균 수가 1㎖당 1억 마리 이상이어야 해요. 유산균 수가 월등히 많아 그릭 요거트를 만들 때 발효 시간이 단축되지요. 마시는 요구르트(드링크 발효유), 떠먹는 요구트르(호상 발효유) 제품의 상위 카테고리랍니다. "떠먹는 생크림 요거트를 써도 되나요?"라고 묻는 분도 많은데, 이런 제품은 '농후 크림 발효유'로 분류되며 이 제품도 사용 가능해요.

- 마시는 요구르트(드링크 발효유) ex. 마시는 액티비아, 불가리스, 쾌변, 윌 등
- 떠먹는 요구르트(호상 발효유) ex. 요플레, 떠먹는 액티비아 등

가장 흔히 접할 수 있는 살구색 '요구르트'는 어떨까요?
이 '요구르트'는 발효유 중에서도 유산균 음료로 분류되어 있는데,

유산균 음료의 경우 유산균이 1㎖당 1백만 마리 정도 들어 있습니다. 그래서 발효가 되긴 되지만, 발효 시간이 훨씬 더 걸리거나, 적절한 환경이 갖춰져 있지 않다면 성공 확률이 매우 낮아서 저는 되도록 이 제품은 사용하지 않는 편입니다.

그리고 마지막으로 농후 발효유 중에서도 되도록 맛이 첨가되지 않은 플레인을 선택할 것을 추천합니다. 그래야 다른 맛이 섞이지 않은 가장 기본적인 그릭 요거트를 만들 수 있으니까요.

Q2. 가루형 유산균, 캡슐형 유산균으로도 만들어지나요?

네, 물론입니다. 단, 유산균 제품 선택 시 보장 균수가 최소 50억 이상이 되는 제품으로 만드는 것이 좋아요. 보장 균수가 많을수록 발효가 잘 된답니다. 또한, 제품마다 유산균 함유량을 비롯한 성분들이 달라 변수가 많은 재료이니 처음 사용한다면 1~2개 정도로 먼저 만들어본 후 분량을 가감해가며 개수를 조정하시길 추천합니다.

가루형 유산균이나 캡슐형 유산균은 대부분 동결건조한 분말 형태입니다. 가루형은 포장을 뜯어서 바로 넣으면 되고, 캡슐형 유산균은 캡슐을 열어 안의 가루만 넣으세요. 특히 주의할 부분은 건강 기능성 유산균은 소비자의 섭취 편의성을 위해 제품마다 향이 첨가된 경우가 많다는 점입니다. 이러한 향은 완성된 그릭 요거트의 맛에 영향을 끼칩니다. 우유 본연의 맛을 원한다면 맛과 향이 무첨가 되어 있는 유산균 가루를 고르세요.

[면포 사용법]

Q1. 면포도 종류가 많던데, 뭘 사야 하죠?

요즘 가정에서는 면포를 쓸 일이 별로 없어서 구매해야 하는 분이 많을 거예요. 조직이 엉성하면 유청만 빠지는 게 아니라 요거트까지 빠져나갈 수 있으니 촘촘한 제품으로 고르세요. 크기는 되도록 가로, 세로 각각 50cm 이상이 되어야 요거트를 담기 편리하고 많은 양의 요거트의 유청을 제거할 때도 천이 부족하지 않습니다. 구매 후 바로 사용하지 말고, 한 번 삶아서 말린 후 사용하세요.

Q2. 면포는 재사용해도 되나요? 가능하다면 어떻게 관리해야 하나요?

네, 재사용 가능한 제품입니다. 단, 세척과 보관이 정말 중요해요. 유청을 거른 후에는 반드시 세척한 후 삶고, 잘 말려서 보관하세요. 또한 면포는 오래 사용하면 색이 살짝 바래고, 2차 유청 제거 시 손으로 힘껏 짜기도 하므로 조직이 조금씩 늘어나고 찢어지기도 해요. 그러니 교체 시기를 정해 주기적으로 교체할 것을 권합니다.

면포 관리법

냄비에 면포가 잠길 만큼의 물을 붓고, 베이킹소다, 식초를 각각 1~2작은술 넣는다. 세척한 면포를 넣고 10~20분간 약한 불에서 삶는다. 이때 거품이 생기며 물이 넘칠 수 있으니 화상에 주의한다. 잘 삶아지면 찬물에 헹군 후 햇빛에 바짝 말린다.

Q1. **요거트가 아닌 우유 상태 그대로예요!**

우유 속에 들어 있는 유당, 단백질, 비타민 등의 성분들이 유산균이 활발하게 증식할 수 있도록 일정한 온도와 시간을 맞춰주면 발효가 잘 되어 뽀얀 그릭 요거트가 만들어집니다. 이 과정을 통해 유단백질이 응고되면서 굳어져 순두부 같은 플레인 요거트를 가장 먼저 만날 수 있죠. 하지만 발효가 안 된 우유 상태 그대로라면

① 온도는 적정했으나 발효 시간이 부족했을 수 있어요.
다시 환경을 따뜻하게 만든 후 2~3시간 더 발효하면서 중간중간 발효가 잘되고 있는지 체크해보세요.

② 발효가 이제 막 끝난 따뜻한 상태라서 그렇게 보일 수 있어요.
발효가 갓 끝난 요거트를 꺼냈는데 우유 그대로는 아니지만, 떠먹는 요거트 정도도 아닌 아리송한 상태일 때는 냉장실에 넣어 1~2시간 냉각시켜보세요. 요거트가 미지근한 상태일 경우에는 살짝 묽어서 실패했다고 오해할 수 있어요.

그런데 만약 우유와 유산균의 양이 적절했고, 시간과 온도도 잘 맞췄는데 요거트가 만들어지지 않았다면, 아래의 요소를 체크해보세요.

① 우유가 냉장고에서 바로 꺼낸 차가운 상태였던 건 아닌가요?
너무 차가운 우유로 만들면 유산균과 잘 혼합되지 않아 발효가 진행되지 않습니다. 냉장고에서 갓 꺼낸 우유는 실온에서 1~2시간 정도 두어 찬기를 뺀 상태에서 사용하세요. 시간이 애매하다면 전자레인지에 살짝 데워 온도를 적당하게 맞춘 후 만들어보세요.

② 우유와 유산균 제품을 잘 섞었나요?

농후 발효유 같은 액체를 유산균으로 사용한다면 괜찮지만, 가루형 또는 캡슐형은 잘 섞어주지 않으면 유산균이 뭉쳐 제대로 발효되지 않을 수 있어요. 우유가 차갑다면 더 섞이지 않겠죠. 유산균 가루들이 우유에 모두 녹을 수 있도록 잘 섞어주세요. 섞는 데 어려움을 느낀다면 53쪽을 참고해보세요.

③ 우유를 발효시키는 도구의 상태를 확인했나요?

전자레인지나 전기밥솥은 주방에서 매일 쓰는 기기이므로 사용감에 따라 밀폐력이 좋지 않을 수 있어요. 따뜻한 온도를 유지하지 못하고 틈새로 온기가 모두 빠져나가 금세 발효 온도가 낮아져 발효가 덜 진행될 수 있답니다. 노후된 기기를 사용할 경우에는 더 주의를 기울여야 해요.

Q2. 그릭 요거트 신맛이 너무 강해요.

요거트는 원래 산미가 있는 식품이에요. 이런 특성을 고려했는데도 불구하고 맛있는 신맛이 아니라 과하게 시큼하다면 원인은 거의 두 가지입니다. 한 가지는 오래된 우유로 만든 경우, 또 한 가지는 요거트를 만드는 첫 번째 과정인 발효 과정에서 우유가 과발효된 경우입니다. 후자라면 산미가 강하게 올라올 뿐 아니라 그릭 요거트 상태가 푸딩 같지 않고, 요거트 표면에 구멍이 송송 나면서 빠져나온 유청에 층 분리가 많이 일어났을 거예요. 이렇게 과발효된 이유도 거의 두 가지인데, 지나치게 높은 온도에서 만들었거나, 너무 오랜 시간 발효했기 때문이에요. 이 요거트는 먹을 수 없는 상태이니 아쉽지만 폐기하는 것이 좋겠습니다.
요거트 발효의 가장 중요한 요소는 온도와 시간! 잊지 마세요.

그릭 요거트에 맛을 더하는 부재료

우유, 유산균으로 만드는 플레인 그릭 요거트에 익숙해졌다면,
다양한 부재료를 넣어 색다른 그릭 요거트를 만들어보세요.
그릭 요거트의 무한한 매력을 느낄 수 있을 거예요.

과일

ex) 사과, 복숭아, 냉동 딸기, 냉동 라즈베리,
건무화과 등

그릭 요거트와 과일은 친숙하면서도 완벽한 조합이 아닐까 싶습니다.
안 어울리는 과일이 과연 있을까 싶을 만큼 그릭 요거트와 과일은 정말 잘
어울려요. 생과일을 곁들여도 잘 어울리지만, 꾸덕꾸덕한 그릭 요거트(2차
유청 제거한 것)에 과일콤포트, 잼, 퓌레 등을 섞으면 우유의 진한 풍미가
어우러져 과일치즈 또는 과일 맛 우유아이스크림 맛이 느껴진답니다. 과일을
부재료로 넣은 그릭 요거트는 남녀노소 누구나 호불호 없이 좋아할 거예요.

과일 맛 그릭 요거트는 두 가지 방법으로 만들 수 있습니다. **첫 번째는 가열해
수분을 날린 과일콤포트, 잼, 퓌레 등을 유청을 뺀 완성형 플레인 그릭 요거트와 섞는
방법, 두 번째는 발효만 한 플레인 요거트와 과일콤포트, 잼, 퓌레 등을 섞은 후 유청을
빼는 방법입니다.** 과정상 첫 번째 방법이 더 간단해 보일 수 있겠지만, 저는
두 번째 방법을 더 추천해요. 생각보다 훨씬 쉽고, 특히 유청이 빠지면서
그릭 요거트와 과일콤포트가 서로 더욱 어우러지고 숙성되어 과일 맛이 더
풍부하게 느껴지기 때문이에요. 시중에서는 구하기 어려운 메뉴로 집에서
만드는 사람에게만 주어지는 행복이니 나만의 그릭 요거트를 만들 때
꼭 시도해보세요! 그래서 이 책에는 두 번째 방법 위주로 다양한 과일 맛
그릭 요거트 레시피를 소개했습니다. 또한, 거의 모든 그릭 요거트는 더
꾸덕꾸덕하게 2차 유청 제거 과정을 거쳤답니다.

초콜릿

ex) 다크초콜릿,
초콜릿칩, 초코볼 등

진한 초콜릿 맛을 더해줄 재료들이에요. 카카오
함유량이 많을수록 쌉싸름한 맛이 강해지는
다크초콜릿은 다져서 여러 가지 용도로 사용할 수
있어요. 쌉싸름한 맛을 좋아한다면 카카오닙스로
대체해도 돼요!

차류

ex) 얼그레이 티, 민트
티, 바닐라 티 등

얼그레이, 민트, 바닐라 맛 그릭 요거트를 만들 때
티백을 사용해보세요. 따뜻한 우유에 티백을 넣어
우린 후 섞어 발효시키면 진한 맛의 색다른 그릭
요거트를 만날 수 있답니다. 시중에 나와 있는 티백은
어떤 것이든 다 좋습니다.

분말류

ex) 황치즈가루,
파마산치즈가루,
코코아파우더, 커피가루,
시나몬가루 등

다양한 맛의 그릭 요거트의 핵심 재료 중 하나예요!
황치즈가루, 자색 고구마가루, 쑥가루, 녹차가루 등은
베이킹할 때도 많이 사용되기 때문에 베이킹 재료
쇼핑몰에서 소분 판매하니 참고하세요.

쿠키류

ex) 치즈 맛 크래커,
오레오, 로투스,
코코넛청크 등

그냥 먹어도 맛있지만, 그릭 요거트에 양보하세요.
시너지 효과가 극대화된답니다. 오레오, 로투스, 치즈
크래커 등 쿠키는 그릭 요거트와 만나면 감초 역할을
톡톡히 한답니다. 코코넛청크는 특히 그릭 요거트의
토핑으로 무척 잘 어울리니 꼭 한번 사용해보세요!

당류

ex) 스테비아, 알룰로스,
바닐라알룰로스,
비정제설탕 등

설탕 대체제로 사용되는 액상형 알룰로스, 가루형
스테비아는 인공 감미료가 아닌, 과일, 허브 등에서
추출되는 천연 감미료예요. 당류에 대한 부담을
덜어주는 건강한 재료지요. 특히 요즘에는 국내에서도
여러 가지 맛 알룰로스가 출시되고 있어요. 바닐라,
헤이즐넛, 캐러멜 등 여러 가지 제품들이 있으니
기호에 맞게 활용해보세요. 또한 이 책에서는 거의
모든 레시피에 설탕 대신 이 재료를 사용해 조금
더 건강한 메뉴로 만들었지만, 아직 낯선 분들은
알룰로스는 꿀, 시럽으로 대체하고 스테비아는
비정제설탕 또는 일반 설탕으로 대체해도 돼요.

기타

ex) 바닐라에센스,
베이킹파우더,
코코넛젤리 등

그 외에 그릭 요거트를 더욱 풍성한 레시피로
만들어줄 재료를 다양하게 활용했어요. 바닐라에센스,
베이킹파우더는 베이킹할 때 자주 쓰여서 하나쯤
구비해두고 여러 요리에 사용할 것을 추천합니다.
조금 생소할 수도 있는 코코넛젤리, 패션프루츠퓨레
등의 재료 또한 베이킹 재료 쇼핑몰 또는 일반 오픈
마켓에서 쉽게 찾을 수 있을 거예요.

크럼블

크럼블은 소보로빵 위에 달콤하고
바삭한 부분만 뭉쳐놓은 거예요. 맛이
상상이 되시나요? 본 책에서는 120쪽
맘모스 그릭 요거트, 148쪽 그릭
요거트 크럼블 케이크에 활용했는데,
간단하게 그릭 요거트 위에 토핑으로
올려 먹어도 정말 잘 어울린답니다.
넉넉히 만들어두고 요긴하게
활용해보세요.

Ingredients

- 오트밀가루 50g
- 아몬드가루 50g,
- 스테비아 20g(2큰술)
- 시나몬가루 1g(1/3작은술)
- 알룰로스 20~30g(또는 메이플,
  아가베시럽 등 액체 당류)
- 포도씨유 20~30g(2~3큰술, 또는 다른
  요리유)

Recipe

1 볼에 오트밀가루, 아몬드가루, 스테비아, 시나몬가루를 넣고 잘
   섞는다.

2 알룰로스와 포도씨유를 조금씩 넣어가며 반죽이 고슬고슬
   해지도록 섞는다.

3 냉장실에 넣어 20분간 휴지시킨 후 꺼내 오븐 팬에 올린다.

4 170℃로 예열한 오븐에 넣어 15~20분간 굽는다.

5 완전히 식힌 후 밀폐용기에 담는다.
   Tip. 10일간 실온 보관 가능. 그 이상 보관할 경우 냉동실에 보관한다(한 달간
   보관 가능).
   Tip. 오븐마다 사양이 다르므로 노릇하고 갈색을 띠면 잘 구워진 것이다.

그래놀라

그릭 요거트와 그래놀라는 '당연한' 조합이죠! 오트밀을 기본으로 해서 가정에 있는 견과류, 건조 과일로 그래놀라를 만들어보세요. 바삭한 식감과 고소함에 그릭 요거트 토핑 말고도 계속 손이 갈 거예요!

Ingredients ————

- 롤드 오트밀(압착 오트밀) 200g
- 크리스피 오트(구운 오트밀) 200g
- 견과류 200g
- 건조 과일 20~30g
- 건조 코코넛슬라이스 40~50g(또는 코코넛청크)
- 알룰로스 80g(6~8큰술, 기호에 따라 가감)
- 땅콩버터 30g(1~2큰술)
- 포도씨유 30~40g(3~4큰술, 또는 코코넛오일, 카놀라유 등)
- 시나몬가루 3~5g(1~2작은술)
- 소금 3g(1작은술)

Recipe ————

1 볼에 모든 재료를 넣어 섞는다.

2 오븐 팬에 유산지 또는 테프론시트를 깔고 ①을 펼친다.

3 180℃로 예열된 오븐에 넣어 160℃로 10분간 굽는다.

4 오븐 팬을 꺼내 앞뒤가 골고루 구워지도록 뒤섞어준 후 다시 오븐에 넣어 160℃로 10분→130℃에서 10분간 노릇해질 때까지 굽는다.

5 오븐에서 꺼내 완전히 식힌 후 밀폐용기에 담아 보관한다.

팥앙금

팥이 그릭 요거트와 정말 잘
어울린다는 사실을 꼭 아셨으면
좋겠어요! 그릭 요거트와도, 과일
콤포트와도 잘 어울리기에 활용도가
무척 높답니다. 많이 달지 않은
레시피이니 당도는 기호에 맞게
조절하세요.

Ingredients ———

· 팥 500g
· 스테비아 50g(5큰술)
· 소금 3~5g

Recipe ———

1 팥을 깨끗이 씻은 후 냄비에 넣고 잠길 만큼의 물을 붓는다.
　　10분간 팔팔 끓인다.

2 첫 번째 삶은 팥물은 버리고 팥을 한 번 더 찬 물에 씻는다.
　　냄비에 팥을 넣고 물을 1.5배 높이까지 차도록 넣은 후 팔팔
　　끓인다.

3 팥이 손으로 으깨질 정도로 익으면 스테비아, 소금을 넣고
　　주걱으로 으깨가며 중간 불에서 끓인다.

4 원하는 질감이 될 때까지 중약 불에서 끓인다. 이때 팥이 탈 수
　　있으니 물을 100㎖씩 추가하며 졸인다.
　　Tip. 부드러운 팥앙금을 원할 경우 모두 으깨고, 통팥앙금을 원할 경우 팥의
　　반만 으깬다. 이때 알룰로스 같은 당류를 추가하면 더 달콤하게 즐길 수 있다.
　　Tip. 완성한 팥앙금은 소분하여 냉동실에 보관한다.

Chapter 2

Plain Greek Yogurt Recipe

플레인 그릭 요거트 만들기

어떠한 맛과 향을 섞지 않은 가장 기본적인 그릭 요거트
만드는 방법을 소개합니다. 요거트 메이커로 쉽고 편리하게
만드는 방법부터 대부분의 가정에 있는 전자레인지,
전기밥솥을 이용한 방법, 그리고 시판 플레인 요거트로
초간단하게 만들기 등 다양한 방법을 알려드릴게요!
이 챕터에서 소개하는 레시피만 제대로 알고 있으면 누구나
집에서 쉽게 홈메이드 그릭 요거트를 만들 수 있을 거예요.

Plain Greek Yogurt

플레인 그릭 요거트

Time

- 준비하기: 10~20분
- 발효하기: 8~10시간
- 1차 유청 제거: 4~6시간
- 2차 유청 제거: 8시간 이상

Ingredients

완성된 그릭 요거트 총량 300~400g(유청 제거 정도에 따라 다름)

- 일반 흰 우유 900~1000㎖(종이팩 큰 것 1개)
- 농후 발효유 130~150㎖
  + 또는 가루형 유산균 1~2포(2~4g)
  + 또는 캡슐형 유산균 1~2개
  + 또는 요거트 스타터 1포

[유통 기한 및 보관 방법]
1~2주간 냉장 보관 가능. 단, 뚜껑을 닫아 밀폐한 후
냉장실 안쪽에 넣어 보관하는 것을 추천하며 되도록 빨리
드실 것을 권합니다.

Yogurt Maker

요거트 메이커로 만들기

요거트 메이커는 전용 용기와 온도 조절 기능이 있어 별도의 도구 없이 매우 편리하게
그릭 요거트를 만들 수 있습니다. 또한 제품 설명서대로만 잘 따라 하면 대부분 실패
없이 플레인 요거트가 완성되지요. 요거트 메이커로 만들 때는 우유와 농후 발효유(또는
가루형 유산균, 캡슐형 유산균)를 고루 잘 섞은 후 메이커에 넣는 것이 중요하니,
그 부분에 특히 유의하세요!

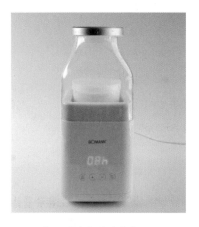

1   요거트 메이커 설명서대로
    따라 해 플레인 요거트를
    완성한다(발효하기, 약 8~10시간
    소요).

2   발효한 요거트를 꺼내 냉장실에
    넣어 1~2시간 냉각시킨다.
    이 과정을 거치면 부드럽게 풀어져
    있는 요거트가 더 단단해진다.

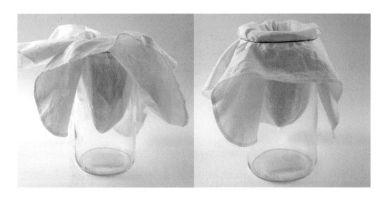

3 캐니스터 또는 큰 그릇의 주둥이에 면 보자기(면포)를 올린 후 고무줄로
　　입구를 단단하게 묶는다.

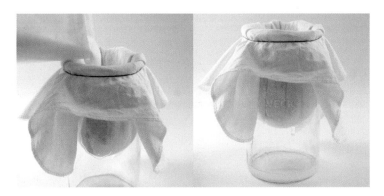

4 냉각시킨 ❷의 요거트를 넘치지 않게 주의하며 붓는다. 뚜껑을 닫고 다시
　　냉장실에 넣어 4~6시간 유청을 제거한다(1차 유청 제거).

5 유청이 빠져 양이 적어진 그릭 요거트를 실리콘 주걱 또는 숟가락으로
모두 긁어모은 후 면포째 꺼낸다. 1차 유청 제거로 유청이 많이 빠진 그릭
요거트가 완성되었다.

6 더 꾸덕꾸덕한 그릭 요거트를 만들기 위해 2차로 유청을 제거한다.
볼 위에 채반을 올린 후 면포째 꺼낸 그릭 요거트를 넣는다. 이때 볼과
채반 사이 공간이 충분해야 한다. 그래야 분리된 유청과 그릭 요거트가
들어 있는 면포가 닿지 않아 더 많은 유청을 제거할 수 있다.

7 실리콘 주걱 또는 숟가락으로 면포에 붙은 그릭 요거트를 모두 긁어모은 후, 면포를 잘 여민다.

8 잘 여민 면포 위에 접시를 올리고 그 위에 무거운 물건을 놓는다. 그대로 냉장실에 넣어 8~10시간 동안 유청을 제거한다(2차 유청 제거).

Tip. 3~4시간이 지났을 때, 물건의 위치를 바꾸어주면 골고루 유청이 빠질 수 있다.

Tip. 8시간 정도 유청을 제거하면 그릭 요거트가 한 덩어리로 뭉쳐지고 손으로도 뜰 수 있는 정도로 꾸덕꾸덕해진다. 만약 더 꾸덕꾸덕한 질감을 원한다면 시간을 늘려 총 10시간 이상 유청을 제거하고, 살짝 크리미한 질감을 원한다면 6시간 정도로 시간을 단축한다.

Tip. 유청 제거 시간이 늘어나고 물건의 무게가 무거워질수록, 유청이 많이 빠져서 더욱 꾸덕꾸덕한 질감이 되며 만들어지는 그릭 요거트 총 양은 줄어든다.

9 8~10시간 후 원하는 질감의 그릭 요거트가 완성되면 면포를 펼쳐서
실리콘 주걱 또는 숟가락으로 그릭 요거트를 긁어모은다. 면포를 동그랗게
만두 모양으로 말아서 손으로 힘껏 유청을 짠다.

10 단단한 질감의 그릭 요거트가 완성되면 유리용기에 옮겨 담은 후 냉장실에
넣어 보관한다. 하루 정도 지나면 전날보다 질감이 더 단단해진다.

Electric Rice Cooker

전기밥솥으로 만들기

전기밥솥으로도 그릭 요거트를 쉽게 만들 수 있답니다. 특히 전기밥솥은 다른 방법들에 비해 밥솥의 크기에 따라 2~3배 더 많은 그릭 요거트를 만들 수 있다는 장점이 있지요. 한 번의 과정으로 가족들과 다 같이 먹을 수 있는 충분한 양이 완성됩니다.
단, 버튼 한 개로 취사 후 바로 보온으로 설정되는 제품은 그릭 요거트를 만들 수 없으니, 보온 기능만 단독으로 사용할 수 있는 밥솥인지 꼭 확인하세요!
또한 밥솥 뚜껑 고무 패킹의 밀폐력이 괜찮은지도 꼭 체크하세요. 따뜻한 공기가 빠져나가 발효가 안 될 수 있어요.

1 우유와 농후 발효유를 상온에 30분~1시간 이상 놔두어 찬기를 뺀 후 전기밥솥에 넣고 골고루 잘 섞는다. 전원을 연결한 후 보온 1시간을 설정한다.
Tip. 해당 레시피는 우유 1L 기준이므로 양을 늘릴 때는 보온 시간도 더 늘린다. 우유 1L 추가 시 30분~1시간씩 시간을 늘린다.

2 보온 시간이 끝나면 뚜껑을 열지 않은 상태 그대로 플러그만 뽑아 전원을 끈다.
Tip. 뚜껑을 열면 온도가 떨어져 발효가 안 될 수 있으니 절대 뚜껑을 열지 않는다.

3 그대로 8~10시간 동안 발효하면 플레인 요거트가 완성된다.
발효가 끝난 후 방법1. '요거트 메이커로 만들기' 과정 ❷부터 동일하게 진행한다.

Microwave

전자레인지로 만들기

주방 만능 필수템! 전자레인지로도 그릭 요거트를 만들 수 있답니다. 이 방법은 누구나
도전해볼 수 있다는 장점이 있지만, 주변 환경과 전자레인지 상태에 따라 요거트 발효
과정에서 가장 중요한 온도 유지가 잘 안되어 발효에 실패할 수도 있다는 단점이
있습니다. 그러니 그릭 요거트를 만들기에 앞서, 우리 집 전자레인지 상태와 주변 환경을
먼저 꼭 확인해보세요. 특히 챕터 3. 챱 그릭 요거트 31 메뉴처럼 부재료를 넣어 다양한
맛의 그릭 요거트를 만들 때는 더 주의를 기울여야 해요.

1 농후 발효유를 상온에 30분~1시간
이상 놔두어 찬기를 뺀다.
전자레인지 사용이 가능한
내열용기에 우유를 붓는다.

2 전자레인지에 넣어 1분 30초씩 2번,
총 3분간 데운다. 이때 뚜껑은 닫지
않는다.

Tip. 3분간 데운 후 꺼내 용기를 만졌을 때
아직 찬기가 느껴진다면 30초씩, 용기가
미지근해질 때까지 더 데운다.

Tip. 일반적으로 가을, 겨울에는 기온이
낮아서 봄, 여름보다 30초 이상 더
가열해야 한다.

3 용기가 미지근해지면, 찬기를 뺀 농후 발효유를 넣고 잘 섞는다.

    Tip. 요거트 스타터와 같은 가루류를 넣을 경우 잘 섞이지 않을 수 있으니 주의한다. 이때는 컵에 우유를 약간 붓고 가루를 넣어 완전한 액체가 되게 잘 섞은 후 넣는다.

4 다시 전자레인지에 넣어(뚜껑은 닫지 않는다) 1분 30초씩 2번, 총 3분간 데운다. 용기를 만졌을 때 따뜻하면 뚜껑을 밀폐하여 닫고 전자레인지에 넣는다.

    Tip. 한 번에 3분간 데우면 우유 온도가 너무 높아져 유산균이 죽고 우유가 넘칠 수 있으니 꼭 2번에 나누어 데운다.

    Tip. 대체로 용기를 만졌을 때 따뜻하다고 느껴지는 온도가 우유가 발효되는 온도 35~45℃ 정도이다. 겉이 너무 뜨거우면 오히려 발효되지 않으니 주의할 것!

5 전자레인지 문을 닫고 그대로 8~10시간 발효하면 플레인 요거트가
완성된다. 발효가 끝난 후 전자레인지에서 내열용기를 꺼내 **방법 1.** '요거트
메이커로 만들기' 과정 **②**부터 동일하게 진행한다.

Tip. 발효시키는 동안에는 전자레인지 내부 온도 유지를 위해 문을 열지 않는다.

Tip. 8~10시간 동안 전자레인지 내부의 온도와 데워진 우유 온도로 발효가 시작되므로
온도가 일정하게 유지될 수 있게 해주어야 발효가 잘된다.

발효 온도 유지에 도움이 되는 방법

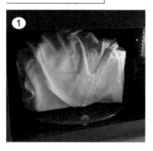

용기를 따뜻한 물수건으로 감싼 후
발효시킨다.

전자레인지에 뜨거운 물 1컵을 함께
넣고 발효시키면 도움이 된다.

Product

시판 떠먹는 요거트로 만들기

시판 플레인 요거트를 활용해 발효 과정 없이 빠르게 그릭 요거트를 만들 수 있답니다.
시판 플레인 요거트는 이미 우유에서 요거트로 발효된 상태이므로 유청을 제거하는
과정만 추가하면 돼요! 정말 간단하죠? 다만, '젤라틴'이나 '아미드 펙틴' 같이 요거트를
걸쭉한 제형으로 만들기 위한 '증점제'가 포함되어 있는 것은 아닌지 원재료명을 꼭
확인해야 합니다. 증점제가 포함되어 있다면 유청이 빠지지 않고 몇 시간이 지나도
처음과 똑같은 상태일 거예요.
시판 요거트로 만드는 초간단 그릭 요거트! 오늘 당장 만들어볼까요?

1 (방법 1.) '요거트 메이커로 만들기' 과정 ❸부터 동일하게 진행한다.
    Tip. 시판 플레인 요거트 1000㎖으로 400g 정도의 그릭 요거트를 만들 수 있다(2차 유청
제거 시).

유청 활용법

플레인 그릭 요거트를 만들고 남은 유청, 이제 버리지 마세요! 알아
두면 쓸모 있는 '유청 활용 레시피' 2가지를 소개헤드릴게요.

Lassi

라씨

라씨는 인도와 터키에서 대중적인 건강 음료예요. 신맛이 강하고 산뜻한 음료 라씨를 유청을 넣어 만들어보세요. 유청 속 단백질을 섭취할 수 있어 영양가도 높아진 라씨가 기분까지 산뜻하게 해줄 거예요. 단, 유청에는 유당이 들어있으니 유당 불내증이 있는 분들은 조심하세요.

Ingredients

- 유청 100㎖
- 우유 150~190㎖(또는 두유, 아몬드우유 등)
- 냉동 과일(딸기, 블루베리, 트리플베리, 망고 등) 200g(또는 생과일)
- 알룰로스 15~20g(1~2큰술, 생략 가능)

Recipe

1 믹서에 모든 재료를 넣어 곱게 간다. 이때 과일의 당도에 따라 당류의 양을 가감한다.

   Tip. 만든 후 시간이 지나면 유청이 분리될 수 있으나, 맛에는 변함이 없으니 먹기 직전에 잘 저어 마신다.

| 아이스크림처럼 즐기기 |

과일의 양을 늘리면 더 부드럽고 진해서 아이스크림처럼 즐길 수 있어요.

Ricotta cheese

리코타치즈

단백질이 무척 풍부한 유청을 활용해 홈메이드 리코타치즈를
만들 수 있습니다. 우유와 생크림을 끓여서 만든 일반
리코타치즈보다 훨씬 담백해요. 고슬고슬한 리코타치즈는
상큼한 과일잼과 함께 잘 구운 곡물빵에 올려 먹거나, 샐러드
토핑으로 즐겨도 정말 맛있답니다.

Ingredients ———

- 유청 500㎖
- 우유 500㎖
- 레몬즙 6~10㎖(2작은술, 기호에 따라 가감)
- 소금 6g(2작은술, 기호에 따라 가감)

Recipe ———

1 냄비에 유청, 우유를 넣고 중약 불에서 보글보글 끓인다. 이때
   끓어 넘치지 않도록 주의한다.

2 유청과 우유가 분리되면서 순두부처럼 몽글몽글해지는 순간
   바로 소금을 넣고 잘 섞은 후 약한 불로 줄인다.

3 레몬즙을 넣고 2~3회 저어 섞은 후 그대로 10분간 끓인다. 절대
   휘젓지 않는다.

4 불을 끄고 뚜껑을 닫아 10분간 뜸을 들인다.

5 채반 위에 면포를 펼쳐 올린 후 ④를 모두 붓는다.

6 면포를 잘 여민 후 그대로 2~3시간 동안 유청을 뺀다.

색다르게 즐기기 과정 ⑤에서 면포에 올리기 전에 바질, 타임 등 허브류를 추가하면
색다른 맛의 리코타치즈를 만들 수 있답니다.

Chapter 3

Chobp
Greek yogurt

31

챱 그릭 요거트 31

플레인 그릭 요거트 만들기에 익숙해졌다면, 색다른
맛의 그릭 요거트에 도전해보세요. 여러 재료를 활용한
각양각색의 31가지 그릭 요거트를 마스터하면, 어느샌가
나의 취향이 듬뿍 담긴 새로운 조합도 떠오를 거예요.
자, 그럼 시작해볼까요?
여러분의 상상은 현실이 될 수 있어요!

Strawberry Greek Yogurt

딸기 그릭 요거트

생딸기 우유 아이스크림 같은 맛의 그릭 요거트예요. 딸기가
제철인 시기에는 생딸기를 작게 썰어서 딸기콤포트와 함께
넣어보세요. 생딸기의 풍미와 딸기 씨가 톡톡 씹히는 식감이
어우러져 더욱 맛있답니다.

Time

- **딸기콤포트 만들기**: 20~30분
- **1차 유청 제거**: 4~6시간
- **2차 유청 제거**: 8시간 이상

Ingredients

- 플레인 요거트 900~1000㎖(유청
  제거하기 전 상태)
  + 만들기 챕터 2 참고
- 냉동 딸기 300g(또는 생딸기)
- 스테비아 40g(4큰술)
- 레몬즙 15㎖(1과 1/2큰술)

Recipe

[딸기콤포트 만들기]

1 볼에 냉동 딸기와 스테비아를 넣어 버무린 후 냉동 딸기가 살짝
    눌러질 정도로 녹을 때까지 상온에 둔다.

2 냄비에 딸기를 넣고 센 불로 끓인다. 보글보글 끓어오르면
    4~5분간 더 끓인다. 과정 ①의 냉동 과일이 녹아서 생긴 과즙도
    모두 넣는다.

3 레몬즙을 넣고 중약 불로 줄여 8~10분간 끓인다.
    Tip. 베리류는 열을 가하면 수분이 많이 생기기 때문에 쫀득한 질감의 콤포트를
    만들기 위해서는 오래 끓이며 최대한 졸여야 한다. 이때, 보글보글 기포가 생긴
    후부터는 쉽게 타버릴 수 있으니 반드시 중약 불 또는 약한 불에서 저어가며
    끓인다.

4 불을 끄고 잔여 열로 2~3분간 저어가며 더 졸인다.

5 완전히 식힌 후 밀폐용기에 담아 냉장 보관한다.

[완성하기]

6 캐니스터 또는 큰 그릇 위에 면포를 올린 후 고무줄로 입구를
    단단히 묶는다. 그 위에 플레인 요거트 1/3 분량, 완전히 식힌
    딸기콤포트 2~3큰술(1큰술당 15~20g)을 넣는다. 같은 과정을
    2회 더 반복한다. 이때 콤포트 양은 기호에 따라 가감해도 좋다.

7 캐니스터 뚜껑을 닫고 1차 유청 제거→2차 유청 제거 순으로
    진행한다.
    Tip. 플레인 그릭 요거트 만들기 47쪽 참고

라즈베리 그릭 요거트

새콤달콤 라즈베리콤포트를 넣어 색감도 예쁜 그릭 요거트
입니다. 라즈베리는 초콜릿과 잘 어울리는 과일이에요.
초콜릿칩 또는 카카오닙스를 조금씩 더해주어도 색다른 맛의
그릭 요거트가 완성된답니다.

Time

- **라즈베리콤포트 만들기**: 20~30분
- **1차 유청 제거**: 4~6시간
- **2차 유청 제거**: 8시간 이상

Ingredients

- 플레인 요거트 900~1000㎖(유청 제거하기 전 상태)
  + 만들기 챕터 2 참고
- 냉동 라즈베리 350~400g(또는 트리플베리)
- 스테비아 30g(3큰술)
- 레몬즙 15㎖(1과 1/2큰술)

Recipe

[라즈베리콤포트 만들기]

1 볼에 냉동 라즈베리와 스테비아를 넣어 버무린 후 냉동
   라즈베리가 살짝 눌려질 정도로 녹을 때까지 상온에 둔다.

2 냄비에 라즈베리를 넣고 센 불로 끓인다. 보글보글 끓어오르면
   4~5분간 더 끓인다. 과정 ①의 냉동 과일이 녹아서 생긴 과즙도
   모두 넣는다.

3 레몬즙을 넣고 중약 불로 줄여 8~10분간 끓인다.

   Tip. 베리류는 열을 가하면 수분이 많이 생기기 때문에 쫀득한 질감의 콤포트를
   만들기 위해서는 오래 끓이며 최대한 졸여야 한다. 이때, 보글보글 기포가 생긴
   후부터는 쉽게 타버릴 수 있으니 반드시 중약 불 또는 약한 불에서 저어가며
   끓인다.

4 불을 끄고 잔여 열로 2~3분간 저어가며 더 졸인다.

5 완전히 식힌 후 밀폐용기에 담아 냉장 보관한다.

[완성하기]

6 캐니스터 또는 큰 그릇 위에 면포를 올린 후 고무줄로 입구를
   단단히 묶는다. 그 위에 플레인 요거트 1/3 분량, 완전히 식힌
   라즈베리콤포트를 2~3큰술(1큰술당 15~20g) 넣는다. 같은
   과정을 2회 더 반복한다. 이때 콤포트 양은 기호에 따라
   가감해도 좋다.

7 캐니스터 뚜껑을 닫고 1차 유청 제거→2차 유청 제거 순으로
   진행한다.

   Tip. 플레인 그릭 요거트 만들기 47쪽 참고

Blueberry Lemon

Greek Yogurt

블루베리 레몬 그릭 요거트

블루베리콤포트의 달콤함에 레몬제스트의 상큼함이 더해져
마치 소르베를 먹는 듯한 맛의 그릭 요거트예요. 피로 회복에
좋은 두 과일이 만난 블루베리 레몬 그릭 요거트가 오늘 하루를
활력 있게 만들어줄 거예요!

Time ────

- **레몬제스트 만들기**: 30분
- **블루베리콤포트 만들기**: 20~30분
- **1차 유청 제거**: 4~6시간
- **2차 유청 제거**: 8시간 이상

Ingredients ────

- 플레인 요거트 900~1000㎖(유청
  제거하기 전 상태)
  + 만들기 챕터 2 참고
- 냉동 블루베리 350g(또는 생블루베리)
- 스테비아 30g(3큰술)
- 레몬제스트 20~30g(2~3큰술, 기호에
  따라 가감)
- 레몬즙 15㎖(1과 1/2큰술)

Recipe ────

[레몬제스트 만들기]

1 베이킹소다를 푼 물(1L당 약 베이킹소다 1큰술 정도)에 레몬을
   20분간 담가 둔 후 껍질을 굵은 소금으로 문질러 닦는다.

2 끓는 물에 레몬을 넣고 약 10초간 굴려가며 소독한다. 찬물로
   헹군 후 물기를 최대한 제거한다. 이때 껍질이 물러질 수 있으니
   소독 시간은 10초를 넘기지 않는다.

3 레몬을 껍질째 강판에 간다. 껍질 안쪽의 하얀 부분은
   쓴맛이 나므로 최대한 겉 껍질만 얇게 벗긴다. 레몬 1개로 약
   5~8g(2/3큰술)의 레몬제스트를 만들 수 있다.

   Tip. 강판 대신 필러로 껍질을 얇게 벗긴 후 잘게 다져도 된다.

4

[블루베리콤포트 만들기]

4 볼에 냉동 블루베리와 스테비아를 넣어 버무린 후 냉동
블루베리가 살짝 눌려질 정도로 녹을 때까지 상온에 둔다.

5 냄비에 블루베리를 넣고 센 불로 끓인다. 보글보글 끓어오르면
4~5분간 더 끓인다. 과정 ①의 냉동 과일이 녹아서 생긴 과즙도
모두 넣는다.

6 레몬즙을 넣고 중약 불로 줄여 8~10분간 끓인다.

Tip. 베리류는 열을 가하면 수분이 많이 생기기 때문에 쫀득한 질감의 콤포트를
만들기 위해서는 오래 끓이며 최대한 졸여야 한다. 이때, 보글보글 기포가 생긴
후부터는 쉽게 타버릴 수 있으니 반드시 중약 불 또는 약한 불에서 저어가며
끓인다.

7 불을 끄고 레몬제스트 1/2 분량을 넣은 후 잔여 열로 2~3분간
저어가며 더 졸인다.

Tip. 남은 레몬제스트는 그릭 요거트를 만들 때 노란 색감이 돋보이게
마지막에 넣는다.

8 완전히 식힌 후 밀폐용기에 담아 냉장 보관한다.

[완성하기]

9 캐니스터 또는 큰 그릇 위에 면포를 올린 후 고무줄로 입구를
단단히 묶는다. 그 위에 플레인 요거트 1/3 분량, 완전히 식힌
블루베리콤포트를 2~3큰술(1큰술당 15~20g) 넣는다. 같은
과정을 2회 더 반복한다. 이때 콤포트 양은 기호에 따라
가감해도 좋다.

10 캐니스터 뚜껑을 닫고 1차 유청 제거→2차 유청 제거 순으로
진행한다.

Tip. 플레인 그릭 요거트 만들기 47쪽 참고

9

Tropical Greek Yogurt

트로피컬 그릭 요거트

뜨거운 동남아의 여름날이 떠오르는, 트로피컬 그 자체인 그릭
요거트입니다. 망고, 파인애플의 진한 달콤함 속에서 톡 터지는
패션프루트의 상큼함을 맛보는 순간 누구에게나 기억에 남을
No.1 그릭 요거트가 될 거예요!

Time
- **트로피컬콤포트 만들기:** 20~30분
- **1차 유청 제거:** 4~6시간
- **2차 유청 제거:** 8시간 이상

Ingredients
- 플레인 요거트 900~1000㎖(유청
  제거하기 전 상태)
  + 만들기 챕터 2 참고
- 냉동 망고 150g(또는 냉동 애플망고)
- 냉동 파인애플 150g
- 패션프루트퓨레 100g
- 스테비아 30g(3큰술)
- 레몬즙 15㎖(1과 1/2큰술)

Recipe

[트로피컬콤포트 만들기]

1 볼에 망고, 파인애플, 스테비아를 넣어 버무린 후 냉동 과일이
   눌려질 정도로 녹을 때까지 상온에 둔다.

2 냄비에 망고, 파인애플을 넣고 센 불에서 보글보글 끓어오를
   때까지 5분간 저어가며 끓인다. 과정 ①의 냉동 과일이 녹아서
   생긴 과즙도 모두 넣는다.

3 패션프루트퓨레, 레몬즙을 넣고 중간 불로 줄인 후 5~8분간
   스매셔(또는 포크)로 과일을 으깨가며 끓인다. 이때 과일이 타지
   않도록 중간중간 잘 저어준다.

4 수분이 증발되어 콤포트가 걸쭉해지면 불을 끄고 잔여 열로
   2~3분간 더 졸인다.

5 완전히 식힌 후 밀폐용기에 담아 냉장 보관한다.

[완성하기]

6 캐니스터 또는 큰 그릇 위에 면포를 올린 후 고무줄로 입구를
   단단히 묶는다. 그 위에 플레인 요거트 1/3 분량, 완전히 식힌
   트로피컬콤포트를 2~3큰술(1큰술당 15~20g) 넣는다. 같은
   과정을 2회 더 반복한다. 이때 콤포트 양은 기호에 따라
   가감해도 좋다.

7 캐니스터 뚜껑을 닫고 1차 유청 제거→2차 유청 제거 순으로
   진행한다.
   Tip. 플레인 그릭 요거트 만들기 47쪽 참고

체리 그릭 요거트

달달하고 상큼한 체리를 가득 넣은 체리 그릭 요거트를
소개합니다. 체리는 비타민C가 풍부하여 피부 건강에 도움이
되고 멜라토닌이 풍부해 불면증 완화에 도움을 준다고 하죠.
영양도 맛도 비주얼도 최고인 체리 그릭 요거트로 건강한 하루를
시작해보세요!

Time

- 체리콤포트 만들기: 20~30분
- 1차 유청 제거: 4~6시간
- 2차 유청 제거: 8시간 이상

Ingredients

- 플레인 요거트 900~1000㎖(유청
  제거하기 전 상태)
  + 만들기 챕터 2 참고
- 냉동 체리 350~400g
- 스테비아 30g(3큰술)
- 레몬즙 15㎖(1과 1/2큰술)

Recipe

[체리콤포트 만들기]

1   볼에 냉동 체리, 스테비아를 넣어 버무린 후 냉동 체리가 살짝
    눌려질 정도로 녹을 때까지 상온에 둔다.

2   냄비에 체리를 넣고 센 불로 끓인다. 보글보글 끓어오르면
    4~5분간 더 끓인다. 과정 ①의 냉동 과일이 녹아서 생긴 과즙도
    모두 넣는다.

3   레몬즙을 넣고 중약 불로 줄여 5~8분간 저어가며 끓인 후 불을
    끈다.

4   잔여 열로 2~3분간 저어가며 더 졸인다.

5   완전히 식힌 후 밀폐용기에 담아 냉장 보관한다.

[완성하기]

6   캐니스터 또는 큰 그릇 위에 면포를 올린 후 고무줄로 입구를
    단단히 묶는다. 그 위에 플레인 요거트 1/3 분량, 완전히 식힌
    체리콤포트를 2~3큰술(1큰술당 15~20g) 넣는다. 같은 과정을
    2회 더 반복한다. 이때 콤포트 양은 기호에 따라 가감해도 좋다.

7   캐니스터 뚜껑을 닫고 1차 유청 제거→2차 유청 제거 순으로
    진행한다.
    Tip. 플레인 그릭 요거트 만들기 47쪽 참고

Apple Cinnamon

Greek Yogurt

애플 시나몬 그릭 요거트

사과와 시나몬은 겨울과 참 잘 어울리는 조합이랍니다. 그래서
더 매력적인 달콤 향긋 애플 시나몬 그릭 요거트는 제철 사과로
만들면 사과의 풍미가 더욱 짙어지지요. 애플파이 필링 같은
맛이 나서 바삭바삭한 크로와상 또는 식빵 사이에 샌드해 '그릭
요거트 애플파이'로 즐길 수도 있어요!

Time ———

- 애플 시나몬콤포트 만들기: 20~30분
  (+재우기 30분)
- 1차 유청 제거: 4~6시간
- 2차 유청 제거: 8시간 이상

Ingredients ———

- 플레인 요거트 900~1000㎖(유청
  제거하기 전 상태)
  + 만들기 챕터 2 참고
- 사과 1개(250g)
- 시나몬가루 1g(1/3작은술)
- 스테비아 30g(3큰술)
- 레몬즙 15㎖(1과 1/2큰술)
- 물 100~150㎖

Recipe ———

[애플 시나몬콤포트 만들기]

1   사과는 껍질을 벗겨 잘게 다진다.

2   볼에 사과, 시나몬가루, 스테비아, 레몬즙을 넣어 버무린 후
    30분간 재운다.

3   냄비에 재워둔 사과와 물을 넣고 사과가 말랑말랑해질 때까지
    중약 불에서 8~10분간 저어가며 졸인다.

4   어느 정도 진득한 상태가 될 때까지 졸인 후 불을 끈다. 잔여
    열로 2분간 저어가며 더 졸인다.

    Tip. 진득한 상태가 되기 전에 수분이 다 날아가면 콤포트가 타버릴 수 있으니,
    물을 1큰술씩 추가해가며 졸인다.

5   완전히 식힌 후 밀폐용기에 담아 냉장 보관한다.

[완성하기]

6   캐니스터 또는 큰 그릇 위에 면포를 올린 후 고무줄로 입구를
    단단히 묶는다. 그 위에 플레인 요거트 1/3 분량, 완전히
    식힌 애플 시나몬콤포트를 2~3큰술(1큰술당 15~20g) 넣는다.
    같은 과정을 2회 더 반복한다. 이때 콤포트 양은 기호에 따라
    가감해도 좋다.

7   캐니스터 뚜껑을 닫고 1차 유청 제거→2차 유청 제거 순으로
    진행한다.

    Tip. 플레인 그릭 요거트 만들기 47쪽 참고

무화과 그릭 요거트

과즙이 넘치는 생무화과는 제철에만 먹을 수 있어서 더욱
놓쳐서는 안되는 재료예요. 하지만 제철이 지났다고 해도 전혀
아쉬워하지 않아도 된답니다. 건무화과만의 매력이 있거든요.
톡톡 튀는 건무화과 씨앗과 쫀득한 과육으로 만든 콤포트 또한
그릭 요거트와 더할 나위 없이 잘 어울리니까요.

Time ───────

- 무화과콤포트 만들기: 20~30분
- 1차 유청 제거: 4~6시간
- 2차 유청 제거: 8시간 이상

Ingredients ───────

- 플레인 요거트 900~1000㎖(유청
  제거하기 전 상태)
  + 만들기 챕터 2 참고
- 건무화과 130~150g
- 시나몬가루 1g(1/3작은술)
- 스테비아 20g(2큰술)
- 물 100㎖
- 레몬즙 15㎖(1과 1/2큰술)

Recipe ───────

[무화과콤포트 만들기]

1 건무화과는 꼭지를 제거하고 잘게 썬다.

2 냄비에 무화과, 시나몬가루, 스테비아, 물을 넣고 끓인다.

3 보글보글 끓어오르면 레몬즙을 넣고 진득한 상태가 될 때까지
   8~10분간 중간 불에서 졸인다.
   Tip. 진득한 상태가 되기 전에 수분이 다 날아가면 콤포트가 타버릴 수 있으니,
   물을 1큰술씩 추가해가며 졸인다.

4 완전히 식힌 후 밀폐용기에 담아 냉장 보관한다.

[완성하기]

5 캐니스터 또는 큰 그릇 위에 면포를 올린 후 고무줄로 입구를
   단단히 묶는다. 그 위에 플레인 요거트 1/3 분량, 완전히 식힌
   무화과콤포트를 2~3큰술(1큰술당 15~20g) 넣는다. 같은 과정을
   2회 더 반복한다. 이때 콤포트 양은 기호에 따라 가감해도 좋다.

6 캐니스터 뚜껑을 닫고 1차 유청 제거→2차 유청 제거 순으로
   진행한다.
   Tip. 플레인 그릭 요거트 만들기 47쪽 참고

| 색다르게 즐기기 | 무화과콤포트를 만들 때 물 대신 동량의 홍차나 와인을 넣으면 풍미 가득, 진한 맛의 콤포트가 됩니다. 홍차 또는 와인을 넣은 색다른 무화과콤포트에 도전해보세요! |

Dried Persimmon

Greek Yogurt

곶감 그릭 요거트

쫀득쫀득한 곶감을 콤포트로 만든 후 그릭 요거트 속에 넣어 새로운 맛으로 재탄생시켰습니다. 마치 속초의 명물 씨앗호떡처럼 플레인 그릭 요거트 안에 곶감콤포트와 씨앗을 쏙 넣어, 먹는 재미와 함께 보는 재미까지! 매력이 배가된 그릭 요거트랍니다.

Time

- **곶감콤포트 만들기**: 20~30분
- **1차 유청 제거**: 4~6시간
- **2차 유청 제거**: 8시간 이상

Ingredients

- 플레인 요거트 900~1000㎖(유청 제거하기 전 상태)
  + 만들기 챕터 2 참고
- 곶감 150g(약 4~5개)
- 스테비아 10~15g(1~1과 1/2큰술)
- 물 100㎖
- 시나몬가루 약간(기호에 따라 가감)
- 씨앗류(해바라기씨, 호박씨 등) 30~40g(3~4큰술)

Recipe

[곶감콤포트 만들기]

1 곶감은 꼭지와 씨를 제거하고 잘게 다진다.

2 냄비에 곶감, 스테비아, 물을 넣고 중간 불에서 8~10분간 저어가며 끓인다.

3 시나몬가루를 넣고 되직해질 때까지 중약 불에서 5~8분간 저어가며 졸인 후 불을 끈다.

4 씨앗류를 넣고 잘 섞는다.

5 완전히 식힌 후 밀폐용기에 담아 냉장 보관한다.

[완성하기]

6 캐니스터 또는 큰 그릇 위에 면포를 올린 후 고무줄로 입구를 단단히 묶는다. 그 위에 플레인 요거트 1/3 분량, 완전히 식힌 곶감콤포트를 2~3큰술(1큰술당 15~20g) 넣는다. 같은 과정을 2회 더 반복한다. 이때 콤포트 양은 기호에 따라 가감해도 좋다.

7 캐니스터 뚜껑을 닫고 1차 유청 제거→2차 유청 제거 순으로 진행한다.

Tip. 플레인 그릭 요거트 만들기 47쪽 참고

Peach Greek Yogurt

복숭아 그릭 요거트

새콤달콤한 복숭아 그릭 요거트는 누구나 좋아하는 호불호 없는
메뉴입니다. 냉동 또는 통조림 복숭아가 있어서 사계절 내내 즐길 수
있는 메뉴이기도 하지요. 특히 복숭아는 얼그레이 향과 정말 잘 어울려요.
얼그레이 밀크티 그릭 요거트(112쪽)와 섞어서 먹거나, 복숭아콤포트를
얼그레이 밀크티 그릭 요거트에 곁들여 먹으면 정말 맛있답니다.

Time

- **복숭아콤포트 만들기**: 20~30분
- **1차 유청 제거**: 4~6시간
- **2차 유청 제거**: 8시간 이상

Ingredients

- 플레인 요거트 900~1000㎖(유청
  제거하기 전 상태)
  + 만들기 챕터 2 참고
- 복숭아 350~400g(또는 복숭아 통조림)
- 스테비아 30g(3큰술)
- 레몬즙 15㎖(1과 1/2큰술)

Recipe

[복숭아콤포트 만들기]

1 복숭아는 한입 크기로 썬다.

2 냄비에 복숭아, 스테비아를 넣고 버무린 후 센 불에서 5분간
   저어가며 끓인다.

3 레몬즙을 넣고 중간 불로 줄인 후 8~10분간 복숭아의 수분이
   많이 날아가고 걸쭉해질 때까지 스매셔(또는 포크)로 과일을
   으깨가며 끓인다. 이때 과일이 타지 않도록 중간중간 잘
   저어준다.

4 불을 끄고 잔여 열로 2~3분간 저어가며 더 졸인다.

5 완전히 식힌 후 밀폐용기에 담아 냉장 보관한다.

[완성하기]

6 캐니스터 또는 큰 그릇 위에 면포를 올린 후 고무줄로 입구를
   단단히 묶는다. 그 위에 플레인 그릭 요거트, 완전히 식힌
   복숭아콤포트를 2~3큰술(1큰술당 15~20g) 넣는다. 같은 과정을
   2회 더 반복한다. 이때 콤포트 양은 기호에 따라 가감해도 좋다.

7 캐니스터 뚜껑을 닫고 1차 유청 제거→2차 유청 제거 순으로
   진행한다.
   Tip. 플레인 그릭 요거트 만들기 47쪽 참고

Banana Greek Yogurt

바나나 그릭 요거트

흰 우유가 아닌 다양한 맛의 혼합우유로도 그릭 요거트를 만들
수 있을지 호기심을 가지면서 만들었던 메뉴입니다. 가장 먼저
시도했던 것이 바로 바나나우유였답니다. 결과는 대성공!
딸기·바닐라·초코·메론우유 등 다른 맛 우유들도 가능하답니다.
여러분도 도전해보세요!

Time

- **준비하기**: 5분
- **발효하기**: 8~10시간
- **냉각하기**: 3~4시간
- **1차 유청 제거**: 4~6시간
- **2차 유청 제거**: 8시간 이상

Ingredients

- 바나나 맛 우유 400~500㎖
- 흰 우유 300~400㎖
- 농후 발효유 130~150㎖
- 스테비아 30~40g(3~4큰술)
- 바나나 1개

Recipe

1 바나나 맛 우유와 흰 우유, 농후 발효유를 상온에 1시간 이상
   놔두어 찬기를 뺀 후 볼에 붓는다. 스테비아를 넣고 잘 섞는다.

2 우유를 발효시킨 후 요거트를 꺼내 냉장실에 넣어 1~2시간
   냉각시킨다.
   Tip. 플레인 요거트 만들기 챕터 2 참고

3 바나나 1개를 모양대로 두껍게 썰거나 깍둑 썬다.
   Tip. 생바나나를 넣으면 갈변되어 완성된 그릭 요거트 색이 갈색을 띨 수 있다.
   바나나 향이 조금 덜 나도 괜찮다면, 생략해도 좋다.

4 캐니스터 또는 큰 그릇 위에 면포를 올린 후 고무줄로 입구를
   단단히 묶는다. 그 위에 ②의 요거트와 바나나를 넣는다.

5 캐니스터 뚜껑을 닫고 1차 유청 제거→2차 유청 제거 순으로
   진행한다.
   Tip. 플레인 그릭 요거트 만들기 47쪽 참고

초코 그릭 요거트

쌉싸름함과 부드러운 맛의 조화가 고급 디저트를 먹는 듯한 그릭
요거트입니다. 시중에서 판매되는 초코우유와는 달리 특유의
쌉싸래한 초콜릿 맛과 건강한 단맛이 있어 질리지 않아요. 좀
더 진한 단맛을 느끼고 싶다면 스테비아, 알룰로스 등의 달달한
재료들을 더 추가하세요.

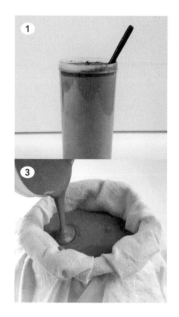

Time

- 준비하기: 5분
- 발효하기: 8~10시간
- 냉각하기: 3~4시간
- 1차 유청 제거: 4~6시간
- 2차 유청 제거: 8시간 이상

Ingredients

- 흰 우유 900~1000㎖
- 농후 발효유 130~150㎖
- 코코아파우더 30g(3큰술)
- 스테비아 30g(3큰술)
- 초콜릿칩 30~50g(또는
  카카오닙스)

Recipe

1 우유와 농후 발효유를 상온에 1시간 이상 놔두어 찬기를 뺀 후
   볼에 붓는다. 코코아파우더, 스테비아를 넣고 섞는다.

2 우유를 발효시킨 후 요거트를 꺼내 냉장실에 넣어 1~2시간
   냉각시킨다.
   Tip. 플레인 요거트 만들기 챕터 2 참고

3 캐니스터 또는 큰 그릇 위에 면포를 올린 후 고무줄로 입구를
   단단히 묶는다. 그 위에 ②의 초코 요거트, 초콜릿칩을 넣고 잘
   섞는다.
   Tip. 재료를 골고루 잘 섞어주지 않으면 상단에만 뭉쳐져 있어 예쁘지 않으니
   주의한다.

4 캐니스터 뚜껑을 닫아 1차 유청 제거→2차 유청 제거 순으로
   진행한다.
   Tip. 플레인 그릭 요거트 만들기 47쪽 참고

마블링 무늬 만들기

과정 ④에서 2~3시간 정도 유청을
제거해 그릭 요거트가 살짝 꾸덕해졌을
때, 초콜릿시럽을 넣고 원을 그리며
저어주면 그릭 요거트에 마블링이
생겨요.

과일 초콜릿 맛 그릭 요거트 만들기

과정 ④에서 2~3시간 정도 유청을
제거해 그릭 요거트가 살짝 꾸덕해졌을
때, 라즈베리콤포트, 딸기콤포트 등
과일로 만든 콤포트를 3~4큰술(40~50g)
넣고 잘 섞어주면 새콤달콤 과일 향이
더해진 과일 초콜릿 맛 그릭 요거트를
만들 수 있답니다. 콤포트 양은 기호에
따라 가감하세요.

Vanilla Chocochip

Greek Yogurt

바닐라 초코칩 그릭 요거트

바닐라 마니아에게 정말 추천하는 메뉴예요. 입안 가득 퍼지는
바닐라 향이 산뜻하게 코끝에 맴돌아 기분이 좋아진답니다. 마치
바닐라 아이스크림을 먹는 것 같기도 해요. 에스프레소시럽 또는
코코아파우더를 뿌려 먹으면 아포가토 혹은 티라미수 같은 맛을
낼 수도 있어요.

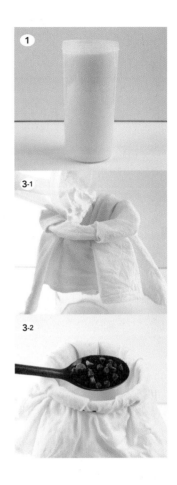

Time

- **준비하기**: 5분
- **발효하기**: 8~10시간
- **냉각하기**: 3~4시간
- **1차 유청 제거**: 4~6시간
- **2차 유청 제거**: 8시간 이상

Ingredients

- 흰 우유 900~1000㎖
- 농후 발효유 130~150㎖
- 바닐라에센스 10~15g(1~1과 1/2큰술)
- 스테비아 30g(3큰술)
- 초콜릿칩 30~40g

Recipe

1   우유와 농후 발효유를 상온에 1시간 이상 놔두어 찬기를 뺀 후
    볼에 붓는다. 바닐라에센스, 스테비아를 넣고 잘 섞는다.

2   우유를 발효시킨 후 요거트를 꺼내 냉장실에 넣어 1~2시간
    냉각시킨다.
    Tip. 플레인 요거트 만들기 챕터 2 참고

3   캐니스터 또는 큰 그릇 위에 면포를 올린 후 고무줄로 입구를
    단단히 묶는다. 그 위에 ②의 요거트, 초콜릿칩을 넣고 잘 섞은
    후 캐니스터 뚜껑을 닫아 1차 유청 제거→2차 유청 제거 순으로
    진행한다.
    Tip. 플레인 그릭 요거트 만들기 47쪽 참고

조금 더 진한 바닐라 맛을 즐기고 싶다면	
	1 바닐라 맛 우유를 섞어서 사용한다(흰 우유 400~500㎖+시판 바닐라 맛 우유 400~500㎖).
	2 농후 발효유를 시판 생크림 요거트로 대체하면 좀 더 바닐라 아이스크림 맛이 강한 그릭 요거트를 만들 수 있다.
	3 스테비아를 바닐라알룰로스로 대체한다.
	4 바닐라 차 티백을 뜯어 내용물을 믹서에 넣고 곱게 갈아서 과정 ①에 추가하여 함께 발효시킨다.

Yellow Cheese Greek Yogurt

황치즈 그릭 요거트

애니메이션 〈톰과 제리〉의 제리가 정말 좋아할 것 같은 진한
노란 컬러를 입힌 그릭 요거트예요. 베이글, 구운 토스트, 비스킷
등에 발라 먹는 스프레드로 활용하기 좋은 짭짤하면서 고소한
그릭 요거트랍니다.

Time

• 10분

Ingredients

• 1차 유청 제거한 플레인 그릭 요거트
  450~500g
  + 만들기 챕터 2 참고
• 치즈 맛 크래커 4개(20~30g)
• 황치즈가루 30g(3큰술)
• 파마산치즈가루 10g(1큰술)
• 스테비아 20g(2큰술)
• 소금 3~5g(1~2작은술)

Recipe

1   치즈 맛 크래커를 잘게 부순다. 큰 볼에 황치즈가루,
    파마산치즈가루, 스테비아, 소금, 다진 크래커를 넣고 섞는다.

2   1차 유청 제거한 플레인 그릭 요거트를 넣고 잘 섞는다.
    OPTION. 좀 더 꾸덕꾸덕한 질감을 원한다면 2차 유청 제거한 플레인 그릭
    요거트를 사용한다.

Mugwort Injeolmi
Greek Yogurt

쑥 인절미 그릭 요거트

자칭, 타칭, 어르신 입맛인 분께 추천하는 취향 저격 그릭
요거트예요. K-디저트의 대명사가 된 인절미의 콩가루와 향긋한
쑥이 부드러운 그릭 요거트와 만났어요. 고소함과 담백함,
그리고 고유의 향이 짙은 든든한 맛을 즐길 수 있을 거예요.

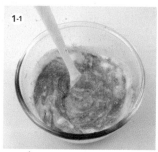

1-1

1-2

Time

• 준비하기: 10분
• 1차 유청 제거: 4~6시간
• 2차 유청 제거: 8시간 이상

Ingredients

• 플레인 요거트 900~1000㎖(유청
  제거하기 전 상태)
  + 만들기 챕터 2 참고
• 콩가루 30g(3큰술)
• 쑥가루 30g(3큰술)
• 스테비아 40g(4큰술)

2

Recipe

1 두 개의 볼을 준비해 하나의 볼에는 플레인 요거트 1/2 분량과
   콩가루, 스테비아 1/2 분량을 넣어 섞고, 다른 볼에는 남은
   요거트와 쑥가루, 남은 스테비아를 넣어 섞는다.

2 캐니스터 또는 큰 그릇 위에 면포를 올린 후 고무줄로 입구를
   단단히 묶는다. 그 위에 콩가루 요거트 1/2 분량→쑥가루
   요거트 1/2 분량 순서로 총 2번 반복해서 켜켜이 넣은 후
   캐니스터 뚜껑을 닫아 1차 유청 제거→2차 유청 제거 순으로
   진행한다.
   Tip. 플레인 그릭 요거트 만들기 47쪽 참고

**색다르게
즐기기** | 부드러운 카스테라 종류의 빵에 쑥 인절미 그릭 요거트를 크림처럼
바르거나, 쑥 인절미 그릭 요거트에 잘게 썬 인절미 떡을
추가해보세요. 맛과 식감이 더욱 풍부해지는 만큼 계속 손이 가고
있는 걸 발견하게 될 거예요!

• 인절미 떡을 추가할 경우, 아주 잘게 썰어서 과정 ②에 넣어주면 된다.
• 조금 더 달콤하게 먹고 싶다면 스테비아의 양을 늘리거나 알룰로스를
  추가한다.

Red Bean Walnut

Greek Yogurt

팥 호두 그릭 요거트

팥죽, 팥빙수, 앙버터, 팥아이스크림 등 팥의 활약은
무궁무진하죠. 혈관 건강, 체내 노폐물 배출 등 효능도 다양한
팥은 그릭 요거트와도 정말 잘 어울린답니다. 집에서 직접
팥앙금을 만들어도 좋지만, 시판 팥양갱을 잘게 썰어서 넣어도
맛있어요.

Time

- 준비하기: 5분
- 1차 유청 제거: 4~6시간
- 2차 유청 제거: 8시간 이상

Ingredients

- 플레인 요거트 900~1000㎖(유청
  제거하기 전 상태)
  + 만들기 챕터 2 참고
- 팥가루 30g(3큰술)
- 스테비아 30g(3큰술)
- 팥양갱 200g(또는 팥앙금)
  + 팥앙금 만들기 41쪽 참고
- 구운 호두 30g(또는 다른 견과류)

Recipe

1 볼에 플레인 요거트, 팥가루, 스테비아를 넣고 잘 섞는다.

2 캐니스터 또는 큰 그릇 위에 면포를 올린 후 고무줄로 입구를
   단단히 묶는다. 그 위에 ①, 팥양갱, 구운 호두를 차곡차곡 넣은
   후 캐니스터 뚜껑을 닫아 1차 유청 제거→2차 유청 제거 순으로
   진행한다.
   Tip. 플레인 그릭 요거트 만들기 47쪽 참고

Mint chocolate Greek Yogurt

민트 초코 그릭 요거트

호불호가 확실한 맛 민트 초코! 민트의 청량하고 깔끔한 맛과
부드럽고 크리미한 그릭 요거트가 만나 정말 매력적인 요거트로
탄생했어요. 민트파우더를 사용해도 되지만, '민초단'이 아니라도
누구나 즐길 수 있도록 좀 더 부드럽게 어우러지는 민트 차를
우려 만들었어요.

Time

- **준비하기:** 10분
- **발효하기:** 8~10시간
- **냉각하기:** 1~2시간
- **1차 유청 제거:** 4~6시간
- **2차 유청 제거:** 8시간 이상

Ingredients

- 흰 우유 900~1000㎖
- 농후 발효유 130~150㎖
- 민트 차 티백 2~3개(약 5g)
- 스테비아 30g(3큰술)
- 초콜릿칩 30~40g

Recipe

1 내열용기에 우유 100㎖를 넣어 전자레인지에서 1분 30초~2분간
   데운다.

2 민트 차 티백을 넣고 4~5분간 우린다.

3 민트 밀크티에 남은 우유, 농후 발효유, 스테비아를 넣고 잘
   섞는다.

4 민트 밀크티를 발효시킨 후 냉장실에 넣어 1~2시간 냉각시킨다.
   Tip. 플레인 요거트 만들기 챕터 2 참고

5 캐니스터 또는 큰 그릇 위에 면포를 올린 후 고무줄로 입구를
   단단히 묶는다. 그 위에 ④의 민트 밀크티 요거트, 초콜릿칩을
   넣은 후 뚜껑을 닫아 1차 유청 제거→2차 유청 제거 순으로
   진행한다.
   Tip. 플레인 그릭 요거트 만들기 47쪽 참고

더 진한 민트 초코 그릭 요거트 만들기	민트 차 티백을 뜯어 안에 들어 있는 찻잎을 블렌더에 넣어 곱게 간 후 과정 ③에 넣어 같이 발효시키거나, 민트 차 티백 대신 시판 민트파우더 50~60g를 넣어도 좋아요. 민트파우더를 사용할 경우 그릭 요거트의 색감이 뚜렷한 민트색으로 만들 수 있답니다.
응용 메뉴	민트 맛 오레오 그릭 요거트를 만들어도 맛있어요. 과정 ⑤에서 초콜릿칩 대신에 오레오 쿠키를 40~50g 부숴서 넣은 후 유청을 제거해주세요.

Green Tea Chocoball
Greek Yogurt

그린티 초코볼 그릭 요거트

녹차의 쌉싸래함과 초코의 달달한 조합이 매력적인 유명
아이스크림 가게 인기 메뉴를 그릭 요거트로 더 건강하게
즐겨보세요. 직접 만들어 먹으니 당도도 내 마음대로 조절할 수
있고, 초코볼도 더 듬뿍 넣을 수 있다는 장점까지! 최고예요.

1-1

1-2

2

Time ———

· **준비하기**: 10분
· **1차 유청 제거**: 4~6시간
· **2차 유청 제거**: 8시간 이상

Ingredients ———

· 플레인 요거트 900~1000㎖(유청
  제거하기 전 상태)
  + 만들기 챕터 2 참고
· 녹차가루 20~30g(2~3큰술)
· 카카오파우더 20~30g(2~3큰술)
· 스테비아 40g(4큰술)
· 초코볼 30~40g(또는 다진 초콜릿)

Recipe ———

1 두 개의 볼을 준비해 하나의 볼에는 플레인 요거트 1/2 분량과
   녹차가루, 스테비아 1/2 분량을 넣어 섞고, 다른 볼에는 남은
   요거트와 카카오파우더, 남은 스테비아를 넣어 섞는다.

2 캐니스터 또는 큰 그릇 위에 면포를 올린 후 고무줄로 입구를
   단단히 묶는다. 그 위에 녹차 요거트 1/2 분량→카카오 요거트
   1/2 분량→초코볼 1/2 분량 순으로 올린 후 같은 과정을 1번 더
   반복해 켜켜이 쌓는다. 뚜껑을 닫아 1차 유청 제거→2차 유청
   제거 순으로 진행한다.

   Tip. 플레인 그릭 요거트 만들기 47쪽 참고

색다르게 | 녹차가루를 말차, 쑥, 단호박가루 등으로 대체해도 좋아요!
즐기기 | 초코볼과의 조합이 꽤 매력적이랍니다.

Green Tea Strawberry
Cheesecake Greek Yogurt

녹차 딸기 치즈케이크 그릭 요거트

쌉싸래한 녹차와 새콤달콤한 딸기콤포트, 부드러운
치즈케이크가 만나 각각의 맛을 더욱 극대화해주는 그릭
요거트예요. 쌉싸래하고 떫은맛을 좋아하는 마니아라면
녹차가루 외 다른 재료의 비율을 줄여보세요! 쌉싸래한 풍미가
가득한 그릭 요거트를 만들 수 있을 거예요.

Time

- **준비하기:** 5분
- **1차 유청 제거:** 4~6시간
- **2차 유청 제거:** 8시간 이상

Ingredients

- 플레인 요거트 900~1000㎖(유청
  제거하기 전 상태)
  + 만들기 챕터 2 참고
- 녹차가루 30g(3큰술, 또는 말차가루)
- 스테비아 20~30g(2~3큰술)
- 시판 치즈케이크 1조각(90~100g)
- 딸기콤포트 30g(2~3큰술)
  + 만들기 63쪽 참고

Recipe

1 볼에 플레인 요거트, 녹차가루, 스테비아를 넣어 섞는다.
   치즈케이크는 한입 크기로 썬다.

2 캐니스터 또는 큰 그릇 위에 면포를 올린 후 고무줄로 입구를
   단단히 묶는다. 그 위에 ①의 녹차 요거트, 딸기콤포트,
   치즈케이크를 순서대로 차곡차곡 넣고 뚜껑을 닫아 1차 유청
   제거→2차 유청 제거 순으로 진행한다.
   Tip. 플레인 그릭 요거트 만들기 47쪽 참고

OREO Cookie Greek Yogurt

오레오 그릭 요거트

그릭 요거트 입문자에게 적극 추천하는 메뉴 중 하나예요. 블랙
앤 화이트 마블링 덕분에 눈길이 한 번 더 가고, 쿠키 앤 크림
아이스크림을 먹는 듯한 기분이 드는 그릭 요거트랍니다. 진한
맛의 오레오 그릭 요거트로 즐기고 싶다면 유청을 빼는 단계에서
오레오 쿠키를 더 듬뿍 넣어주세요!

Time ———

• 오레오 스프레드 만들기: 10분
• 1차 유청 제거: 4~6시간

Ingredients ———

• 1차 유청 제거한 플레인 그릭 요거트
  450~500g
  + 만들기 챕터 2 참고

▶ **오레오 스프레드**
• 오레오 쿠키 12개(100g)
• 우유 30~40㎖(3~4큰술)
• 스테비아 20~30g(2~3큰술)
• 바닐라에센스 3g(1작은술)

Recipe ———

1 오레오 쿠키 12개 중 8개만 반으로 비틀어 크림을 제거한 후
   모두 다진다.

2 큰 볼에 우유를 붓고 전자레인지에 넣어 30초간 데운다.
   남은 오레오 스프레드 재료를 모두 넣고 섞은 후 그대로
   식힌다(오레오 스프레드 완성).
   Tip. 바로 사용하지 않을 시 냉장 보관한다. 사용 직전 꺼내 굳어있는
   스프레드를 전자레인지에 넣어 30초간 데운 후 사용한다.

3 그릭 요거트와 오레오 스프레드를 섞는다.
   OPTION. 좀 더 꾸덕꾸덕한 질감을 원한다면 2차 유청 제거 과정을 진행한다.

| 더 진하게
즐기기 | 우유를 생크림으로 대체하고, 과정 ②에서 버터 1큰술을 추가하면
맛이 더 진하고 부드러워요. |

Almond Bonbon

Greek Yogurt

아몬드봉봉 그릭 요거트

처음 이 그릭 요거트를 공개했을 때 '정말 그릭 요거트야?'라는
반응이 많았어요. 이 메뉴는 특히 유청이 빠지는 과정에서
자연스럽게 만들어지는 마블링과 색감이 포인트예요. 홈메이드
그릭 요거트의 또 다른 재미와 맛을 느낄 수 있을 거예요.

Time ─────

- 준비하기: 5분
- 1차 유청 제거: 4~6시간
- 2차 유청 제거: 8시간 이상

Ingredients ─────

- 초코 요거트 900~1000㎖(유청
  제거하기 전 상태)
  + 만들기 85쪽 참고
- 플레인 요거트 900~1000㎖(유청
  제거하기 전 상태)
  + 만들기 챕터 2 참고
- 초코시럽 30~40g(2~3큰술)
- 아몬드 15~20개

Recipe ─────

1   초코 요거트와 플레인 요거트를 준비한다.

    Tip. 플레인 요거트 대신 바닐라 초코칩 그릭 요거트(87쪽 과정 ②까지 완료한
요거트)를 사용해도 좋다.

2   캐니스터 또는 큰 그릇 위에 면포를 올린 후 고무줄로 입구를
단단히 묶는다. 그 위에 플레인 요거트, 초코 요거트, 초코시럽,
아몬드를 번갈아 넣은 후 뚜껑을 닫아 1차 유청 제거→2차 유청
제거 순으로 진행한다.

    Tip. 다른 그릭 요거트 레시피의 2배 분량이니, 2리터 분량이 담기는 큰 면포와
캐니스터를 준비하거나, 2번 나눠서 유청을 뺀다.

Hazelnut Latte Greek Yogurt

헤이즐넛 라테 그릭 요거트

커피 향이 가득해 하루의 시작 또는 마무리와 참 잘 어울리는
그릭 요거트예요. 커피 종류가 정말 다양하듯 커피 맛 그릭
요거트도 여러 가지 맛을 만들 수 있어요. 피곤한 날, 우울한
날, 커피 그릭 요거트 한 스푼의 여유를 느껴보세요. 카페인이
걱정된다면 디카페인 커피를 이용해도 좋아요.

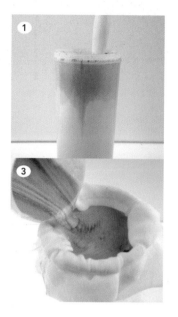

Time

- **준비하기:** 5분
- **발효하기:** 8~10시간
- **냉각하기:** 1~2시간
- **1차 유청 제거:** 4~6시간
- **2차 유청 제거:** 8시간 이상

Ingredients

- 흰 우유 900~1000㎖
- 농후 발효유 130~150㎖
- 인스턴트 헤이즐넛 커피가루 5~6개(1개당
  약 1g, 기호에 따라 가감)
- 스테비아 20~30g(2~3큰술)

Recipe

1 우유와 농후 발효유를 상온에 1시간 이상 놔두어 찬기를 뺀 후
   볼에 붓는다. 커피가루, 스테비아를 넣고 잘 섞는다.

2 우유를 발효시킨 후 요거트를 꺼내 냉장실에 넣어 1~2시간
   냉각시킨다.
   Tip. 플레인 요거트 만들기 챕터 2 참고

3 캐니스터 또는 큰 그릇 위에 면포를 올린 후 고무줄로 입구를
   단단히 묶는다. 그 위에 ②의 커피 요거트를 넣고 뚜껑을 닫아
   1차 유청 제거→2차 유청 제거 순으로 진행한다.
   Tip. 플레인 그릭 요거트 만들기 47쪽 참고

Sweet Potato Mango

Greek Yogurt

고구마 망고 그릭 요거트

고구마와 망고의 조합은 이 자체가 하나의 디저트처럼 느껴질
정도로 정말 잘 어울려요. 모두 섞어 그릭 요거트로 만들 수도
있고, 으깬 고구마, 망고콤포트, 플레인 그릭 요거트 순서로
레이어링 하는 방법도 있답니다. 어떤 방법이든 맛있게 만들어
든든하게 즐겨보세요.

Time

- 망고콤포트 만들기: 20~30분
- 1차 유청 제거: 4~6시간
- 2차 유청 제거: 8시간 이상

Ingredients

- 플레인 요거트 900~1000㎖(유청
  제거하기 전 상태)
  + 만들기 챕터 2 참고
- 냉동 망고 350~400g
- 스테비아 30g(3큰술)
- 레몬즙 15㎖(1과 1/2큰술)
- 삶거나 구운 고구마 250~300g(큰 것
  2~3개)

Recipe

[망고콤포트 만들기]

1   볼에 망고, 스테비아를 넣어 버무린 후 냉동 과일이 눌려질
    정도로 녹을 때까지 상온에 둔다.

2   냄비에 과일을 넣고 센 불에서 보글보글 끓어오를 때까지 5분간
    저어가며 끓인다. 과정 ①의 냉동 과일이 녹아서 생긴 과즙도
    모두 넣는다.

3   레몬즙을 넣고 중간 불로 줄인 후 5~8분간 스매셔(또는 포크)로
    과일을 으깨가며 끓인다. 이때 과일이 타지 않도록 중간중간 잘
    저어준다.

4   수분이 증발하여 콤포트가 걸쭉해지면 불을 끄고 잔여 열로
    2~3분간 더 졸인다.

5   완전히 식힌 후 밀폐용기에 담아 냉장 보관한다.

[완성하기]

6   고구마는 작게 썬다.

7   캐니스터 또는 큰 그릇 위에 면포를 올린 후 고무줄로 입구를
    단단히 묶는다. 그 위에 플레인 요거트, 고구마, 망고콤포트를
    순서대로 차곡차곡 넣은 후 캐니스터 뚜껑을 닫아 1차 유청
    제거→2차 유청 제거 순으로 진행한다.
    Tip. 플레인 그릭 요거트 만들기 47쪽 참고

Sweet potato Mont Blanc

Greek Yogurt

고구마 몽블랑 그릭 요거트

바닐라와 밤퓌레의 조합이 일품인 몽블랑. 고급 디저트로도
유명한 몽블랑을 그릭 요거트로도 만날 수 있어요. '몽블랑'이라는
단어가 알프스산맥의 눈 덮인 하얀 산에서 유래한 것처럼, 완성된
하얀 그릭 요거트도 알프스산맥을 연상시킵니다. 쫀득한 고구마
말랭이를 넣어 식감까지 놓치지 않았어요.

Time ─────

- **준비하기**: 20분
- **발효하기**: 8~9시간
- **냉각하기**: 3~4시간
- **1차 유청 제거**: 4~6시간
- **2차 유청 제거**: 8시간 이상

Ingredients ─────

- 흰 우유 900~1000㎖
- 농후 발효유 130~150㎖
- 스테비아 30g(3큰술)
- 맛밤 1봉(80g, 또는 밤퓌레, 밤잼)
- 고구마 말랭이 1봉(50~60g, 또는 삶은 고구마, 구운 고구마)
- 바닐라에센스 13g(4~5작은술)
- 시나몬가루 3g(1작은술)
- 알룰로스 1~2큰술(기호에 따라 가감)

Recipe ─────

1 우유와 농후 발효유를 상온에 1시간 이상 놔두어 찬기를 뺀 후
   볼에 붓는다. 스테비아를 넣고 잘 섞는다.

2 우유를 발효시킨 후 요거트를 꺼내 냉장실에 넣어 1~2시간
   냉각시킨다.
   Tip. 플레인 요거트 만들기 챕터 2 참고

3 맛밤은 2~3등분하고 고구마 말랭이는 잘게 썬다.

4 그릇에 맛밤, 고구마 말랭이, 바닐라에센스, 시나몬가루,
   알룰로스를 넣고 버무린 후 10분간 둔다.

5 캐니스터 또는 큰 그릇 위에 면포를 올린 후 고무줄로 입구를
   단단히 묶는다. 그 위에 ②의 요거트와 ④의 맛밤, 고구마
   말랭이를 넣고 뚜껑을 닫아 1차 유청 제거→2차 유청 제거
   순으로 진행한다.
   Tip. 플레인 그릭 요거트 만들기 47쪽 참고

Purple Sweet potato&Sweet pumpkin
Greek Yogurt

자색 고구마&단호박 그릭 요거트

구황 작물 좋아하는 분이라면 강력 추천합니다. 보랏빛 자색 고구마에 노란빛 단호박을 더한, 마치 가을이 떠오르는 색감이 눈길을 사로잡는 그릭 요거트랍니다. 그래서 그런지 바람 불기 시작할 무렵에 더 잘 어울리지요. 식사로 즐겨도 든든한 자색 고구마 그릭 요거트를 소개할게요!

Time

- 준비하기: 10분
- 1차 유청 제거: 4~6시간
- 2차 유청 제거: 8시간 이상

Ingredients

- 플레인 요거트 900~1000㎖(유청 제거하기 전 상태)
  + 만들기 챕터 2 참고
- 자색 고구마가루 20~30g(2~3큰술)
- 단호박가루 20~30g(2~3큰술)
- 스테비아 40g(4큰술)
- 찐 단호박 30~40g
- 찐 자색 고구마 30~40g

Recipe

1 두 개의 볼을 준비해 하나의 볼에는 플레인 요거트 1/2 분량과 자색 고구마가루, 스테비아 1/2 분량을 넣어 섞고, 다른 볼에는 남은 요거트와 단호박가루, 남은 스테비아를 넣어 섞는다.

2 찐 단호박과 찐 자색 고구마는 한입 크기로 썬다.

3 캐니스터 또는 큰 그릇 위에 면포를 올린 후 고무줄로 입구를 단단히 묶는다. 그 위에 단호박 요거트 1/2 분량→찐 단호박 1/2 분량→자색 고구마 요거트 1/2 분량→찐 자색 고구마 1/2 분량 순으로 올린 후 같은 과정을 1번 더 반복해 차곡차곡 쌓는다. 뚜껑을 닫아 1차 유청 제거→2차 유청 제거 순으로 진행한다.

Tip. 플레인 그릭 요거트 만들기 47쪽 참고

얼그레이 밀크티 그릭 요거트

고급스럽고 진한 얼그레이의 맛과 향이 좋은 그릭 요거트예요.
이 그릭 요거트는 곁들여 먹을 수 있는 조합이 무궁무진해요.
쿠키나 스콘과도 잘 어울려서 스프레드하여 디저트 타임을
가져보시길 추천합니다. 너무 뜨거운 우유에 얼그레이를 우리면
떫은 맛이 강해질 수 있으니 주의하세요.

Time

- **준비하기**: 10분
- **발효하기**: 8~10시간
- **냉각하기**: 3~4시간
- **1차 유청 제거**: 4~6시간
- **2차 유청 제거**: 8시간 이상

Ingredients

- 흰 우유 900~1000㎖
- 농후 발효유 130~150㎖
- 얼그레이 차 티백 2~3개(약 5g)
- 황설탕 30g(3큰술, 또는 스테비아)

Recipe

1   내열용기에 우유 100㎖를 넣고 전자레인지에 넣어 1분 30초~
    2분간 데운다. 얼그레이 차 티백을 넣고 3~4분간 우린다.

2   얼그레이 밀크티와 나머지 우유, 농후 발효유, 황설탕을 잘
    섞는다.
    Tip. 티백을 뜯어 찻잎을 꺼내 믹서에 넣고 곱게 간 후 우유에 넣고 발효하면
    더욱 진한 얼그레이 밀크티 그릭 요거트를 만들 수 있다.

3   우유를 발효시킨 후 요거트를 꺼내 냉장실에 넣어 1~2시간
    냉각시킨다.
    Tip. 플레인 요거트 만들기 챕터 2 참고

4   캐니스터 또는 큰 그릇 위에 면포를 올린 후 고무줄로 입구를
    단단히 묶는다. 그 위에 ③의 얼그레이 밀크티 요거트를 넣고
    뚜껑을 닫아 1차 유청 제거→2차 유청 제거 순으로 진행한다.
    Tip. 플레인 그릭 요거트 만들기 47쪽 참고

| 다양한 그릭 요거트로 응용하기 |

- **딸기 얼그레이 밀크티 그릭 요거트**
  과정 ④에서 딸기콤포트 40~50g을
  중간중간 넣어요.

- **블루베리 얼그레이 밀크티 그릭 요거트**
  과정 ④에서 블루베리콤포트 40~50g을
  중간중간 넣어요.

- **유자 얼그레이 밀크티 그릭 요거트**
  과정 ④에서 유자청 40~50g을 중간중간
  넣어요.

- **초코 얼그레이 밀크티 그릭 요거트**
  과정 ④에서 초콜릿칩 또는 초코시럽
  40~50g을 중간중간 넣어요.

Coconut Greek Yogurt

코코넛 그릭 요거트

건강한 재료, 코코넛밀크는 각종 요리의 풍미를 짙게 만들어줍니다.
이런 코코넛밀크를 그릭 요거트로 만드니 건강함이 2배, 맛도 2배가
되었어요. 여기에 톡톡 씹히는 시간이 있는 코코넛젤리를 추가하면,
매력도 2배가 된답니다. 저는 코코넛밀크와 우유를 섞어서
만들었지만, 코코넛밀크로만 만들면 비건 그릭 요거트로 즐길 수
있어요.

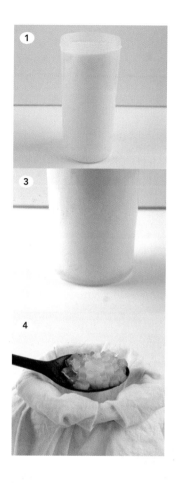

Time

- **준비하기**: 5분
- **발효하기**: 8~10시간
- **냉각하기**: 1~2시간
- **1차 유청 제거**: 4~6시간
- **2차 유청 제거**: 8시간 이상

Ingredients

- 흰 우유 400~500㎖
- 코코넛밀크 500㎖
- 농후 발효유 130~150㎖
- 스테비아 30g(3큰술)
- 소금 약간
- 코코넛젤리 50g(또는 파인애플)

Recipe

1 우유와 코코넛밀크, 농후 발효유를 상온에 1시간 이상 놔두어
   찬기를 뺀 후 볼에 붓는다. 스테비아, 소금을 넣고 잘 섞는다.

2 ①을 발효시킨 후 요거트를 꺼내 냉장실에 넣어 1~2시간
   냉각시킨다.
   Tip. 플레인 요거트 만들기 챕터 2 참고

3 층이 분리되어 있는 과정 ②의 코코넛 요거트를 위, 아래로 잘
   섞는다.

4 캐니스터 또는 큰 그릇 위에 면포를 올린 후 고무줄로 입구를
   단단히 묶는다. 그 위에 잘 섞인 코코넛 요거트, 코코넛젤리를
   넣고 뚜껑을 닫아 1차 유청 제거→2차 유청 제거 순으로
   진행한다.
   Tip. 플레인 그릭 요거트 만들기 47쪽 참고

| 더 맛있게 즐기기 | • 코코넛젤리와 파인애플 둘 다 넣어도 재료가 잘 조화되어 맛있어요. 파인애플은 한입 크기로 썰어 넣으세요.
• 바삭한 식감의 코코넛청크를 토핑으로 올려 먹으면 풍미가 더 살아난답니다. |

Peanut butter&Jelly

Greek Yogurt

피넛버터젤리 그릭 요거트

피넛버터젤리를 아시나요? 식빵 2장을 노릇하게 구워 한 장에는
땅콩버터를, 다른 한 장에는 과일잼을 발라 합쳐 먹는 미국의 국민
간식이에요. 묵직하고 풍부한 맛의 땅콩버터와 상큼한 과일잼 조합이
서로의 장점을 더 극대화시켜 주지요. 이 조합은 그릭 요거트에도 잘
어울립니다. 진한 땅콩버터를 분말 형태로 만든 피넛버터파우더와
직접 만든 과일 콤포트, 크리미한 그릭 요거트의 만남을 만끽해 보세요.

2-1

2-2

Time

- 준비하기: 5분
- 1차 유청 제거: 4~6시간
- 2차 유청 제거: 8시간 이상

Ingredients

- 플레인 요거트 900~1000㎖(유청
  제거하기 전 상태)
  + 만들기 챕터 2 참고
- 피넛버터파우더 50~60g(또는 땅콩버터)
- 땅콩분태 20g
- 소금 약간
- 라즈베리콤포트 40~50g(3~4큰술)
  + 만들기 65쪽 참고

Recipe

1 볼에 플레인 요거트, 피넛버터파우더, 땅콩분태, 소금을 넣고
   섞는다.
   Tip. 피넛버터파우더를 사용하는 것이 가장 맛있지만, 땅콩버터로 대체해도
   된다. 이때 땅콩버터가 굳어있다면 전자레인지에 넣어 30초간 데워 크리미한
   상태로 만들어 섞는다.

2 캐니스터 또는 큰 그릇 위에 면포를 올린 후 고무줄로
   입구를 단단히 묶는다. 그 위에 ①의 피넛버터 요거트와
   라즈베리콤포트를 차곡차곡 담은 후 뚜껑을 닫아 1차 유청
   제거→2차 유청 제거 순으로 진행한다.
   Tip. 플레인 그릭 요거트 만들기 47쪽 참고

Lotus Hazelnut Greek Yogurt

로투스 헤이즐넛 그릭 요거트

커피와 잘 어울리는 과자 로투스는 꾸덕꾸덕한 그릭 요거트와도
정말 잘 어울린답니다. 캐러멜과 시나몬 향이 가득한 단짠단짠
로투스 스프레드에 고소하고 풍부한 헤이즐넛이 더해신 로투스
헤이즐넛 그릭 요거트, 꼭 만들어보세요!

1-1

1-2

2

Time

- 로투스 헤이즐넛 스프레드 만들기: 10분
- 1차 유청 제거: 4~6시간

Ingredients

- 1차 유청 제거한 플레인 그릭 요거트
  450~500g
  + 만들기 챕터 2 참고

▶ **로투스 헤이즐넛 스프레드**
- 로투스 12개
- 헤이즐넛 20~30g
- 우유 30~40㎖(3~4큰술)
- 스테비아 20~30g(2~3큰술)
- 포도씨유 1큰술
- 소금 약간

Recipe

1 로투스는 곱게 부수고 헤이즐넛은 2~3등분한다.

2 큰 볼에 우유를 붓고 전자레인지에 넣어 30초간 데운다. 남은
   로투스 헤이즐넛 스프레드 재료를 모두 넣고 섞은 후 그대로
   식힌다(로투스 헤이즐넛 스프레드 완성).

   Tip. 더 쫀득한 그릭 요거트로 즐기고 싶다면 다시 전자레인지에 넣어 30초간
   더 데운다.

   Tip. 바로 사용하지 않을 시 냉장 보관한다. 사용 직전 꺼내 굳어있는
   스프레드를 전자레인지에 넣어 30초간 데운 후 사용한다.

3 그릭 요거트와 로투스 헤이즐넛 스프레드를 섞는다.

   OPTION. 좀 더 꾸덕꾸덕한 질감을 원한다면 2차 유청 제거 과정을 진행한다.

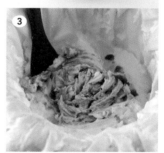

3

| 더 진하게
즐기기 | 우유를 생크림으로 대체하고, 과정 ②에서 버터 1큰술을 추가하면
맛이 더 진하고 부드러워요. |

Mammoth Bread

Greek Yogurt

맘모스 그릭 요거트

맘모스빵을 아시나요? 소보로빵 사이에 달달한 딸기잼과 팥,
크림이 들어 있는 추억의 빵이죠. 이 재료들을 활용한 맘모스
그릭 요거트는 저의 최애 메뉴랍니다. 그릭 요거트의 변신에 또
한 번 재미를 느끼실 수 있을 거예요.

1-1

1-2

Time

- **준비하기**: 10분
- **1차 유청 제거**: 4~6시간
- **2차 유청 제거**: 8시간 이상

Ingredients

- 플레인 요거트 900~1000㎖(유청
  제거하기 전 상태)
  + 만들기 챕터 2 참고
- 딸기콤포트 60~70g(4~5큰술)
  + 만들기 63쪽 참고
- 팥앙금 50~60g(3~4큰술, 또는 팥양갱)
  + 만들기 41쪽 참고
- 크럼블 50~60g
  + 만들기 39쪽 참고

Recipe

1 캐니스터 또는 큰 그릇 위에 면포를 올린 후 고무줄로 입구를
   단단히 묶는다. 그 위에 플레인 요거트, 딸기콤포트, 팥앙금,
   크럼블 순으로 넣은 후 뚜껑을 닫아 1차 유청 제거→2차 유청
   제거 순으로 진행한다.
   Tip. 플레인 그릭 요거트 만들기 47쪽 참고

Sweet Pumpkin Latte

Greek Yogurt

단호박 라테 그릭 요거트

재료 본연의 맛이 돋보이는 그릭 요거트입니다. 단호박가루,
시나몬가루만 다른 가루로 바꿔서 색다른 맛의 그릭 요거트로도
만들 수 있어요. 나만의 그릭 요거트 만들기, 생각보다 어렵지
않아요.

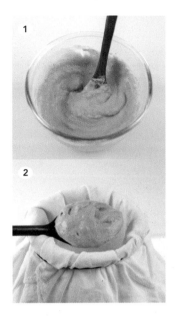

Time

- **준비하기**: 5분
- **1차 유청 제거**: 4~6시간
- **2차 유청 제거**: 8시간 이상

Ingredients

- 플레인 요거트 900~1000㎖(유청
  제거하기 전 상태)
  + 만들기 챕터 2 참고
- 단호박가루 30~40g(3~4큰술)
- 시나몬가루 5g(1/2큰술)
- 스테비아 30g(3큰술)

Recipe

1 볼에 단호박가루, 시나몬가루, 스테비아를 넣고 잘 섞은 후
   플레인 요거트를 넣어 섞는다.

2 캐니스터 또는 큰 그릇 위에 면포를 올린 후 고무줄로 입구를
   단단히 묶는다. 그 위에 ①의 요거트를 넣고 뚜껑을 닫아 1차
   유청 제거→2차 유청 제거 순으로 진행한다.
   Tip. 플레인 그릭 요거트 만들기 47쪽 참고

| 더 진하게
즐기기 | 굽거나 찐 단호박(또는 밤호박)을 한입 크기로 썰어서 과정 ②에
추가하면 더욱 풍부한 구황 작물 맛의 그릭 요거트를 즐길 수 있어요. |

Fruit Marmalade

Greek Yogurt

과일청 그릭 요거트

과일청을 그릭 요거트와 조합하는 색다른 방법을 알려드릴게요.
가장 쉬운 방법은 그릭 요거트 위에 토핑으로 올려 먹는 것!
하지만 더 맛있게 즐기는 방법은 따로 있답니다. 그릭 요거트를
만들 때 과일청을 넣으면 은은한 과일향이 배어 있는 그릭
요거트로 즐길 수 있습니다. 과일청에 따라 만들 수 있는 맛은
무궁무진하다는 점!

Time

- **준비하기:** 5분
- **1차 유청 제거:** 4~6시간
- **2차 유청 제거:** 8시간 이상

Ingredients

- 플레인 요거트 900~1000㎖(유청
  제거하기 전 상태)
  + 만들기 챕터 2 참고
- 과일청 80~100g(5~6큰술)

Recipe

1   볼에 플레인 요거트, 과일청을 넣어 잘 섞는다.

2   캐니스터 또는 큰 그릇 위에 면포를 올린 후 고무줄로 입구를
    단단히 묶는다. 그 위에 ①의 요거트를 넣고 뚜껑을 닫아 1차
    유청 제거→2차 유청 제거 순으로 진행한다.
    Tip. 플레인 그릭 요거트 만들기 47쪽 참고

Chapter 4

Greek Yogurt Home Café Dessert

그릭 요거트 홈 카페 디저트

혹시 '그릭 요거트 디저트' 하면 신선한 과일과 바삭한
그래놀라가 곁들여진 요거트볼만 떠오르시나요? 그렇다면
이번 챕터를 주목해주세요. 그릭 요거트로 만드는
타르트, 치즈케이크, 브라우니 등 다양한 베이킹 메뉴와
아이스크림, 크레페까지! 일반 디저트보다 더 건강하고
달콤한 그릭 요거트 디저트 레시피가 가득하니까요.

그릭 요거트 오트밀 타르트

오트밀 타르트 쉘에 그릭 요거트 필링과 과일을 채운, 맛있고 건강한 디저트예요. 토핑은 취향대로 변경해도 좋아요. 제철 과일 또는 내가 좋아하는 과일을 올려 눈도 입도 즐거운 디저트 타임을 즐겨보세요.

Time

- **타르트 쉘 만들기**: 25분(+식히기)
- **완성하기**: 10분

Ingredients

개당 지름 약 9~10cm, 3개분

- 1차 유청 제거한 플레인 그릭 요거트 150g
  + 만들기 챕터 2 참고
- 스테비아 10g(1큰술)
- 블루베리콤포트 45~60g(3큰술, 또는 다른 과일 콤포트)
  + 만들기 68쪽 참고
- 토핑 약간(견과류, 초콜릿칩, 과일 등, 생략 가능)

▶ 오트밀 타르트 쉘

- 바나나 1개
- 오트밀 150g
- 땅콩버터 30g(1~2큰술)
- 알룰로스 30g(2큰술)
- 시나몬가루 1.5g(1/2작은술)
- 소금 약간

Recipe

1 볼에 껍질을 벗긴 바나나를 넣고 포크 또는 매셔로 으깬다.

2 남은 타르트 쉘 재료를 모두 넣어 섞는다.

3 타르트 틀에 ②의 1/3 분량을 넣어 그릇 모양으로 꾹꾹 눌러 형태를 만든다. 2개 더 만든다.

4 오븐 팬에 ③을 올린 후 180℃로 예열한 오븐에 넣어 10~12분간 색이 노릇해질 때까지 굽는다.

5 오븐에서 꺼내 완전히 식힌 후 타르트 쉘을 틀에서 분리한다.

6 타르트 쉘 안쪽에 블루베리콤포트를 1큰술씩 펴 바른다.

7 볼에 그릭 요거트와 스테비아를 넣어 섞은 후 ⑥에 1/3 분량씩 나눠 올린다.

8 견과류, 초콜릿칩, 과일 등 원하는 종류의 토핑을 올린다.

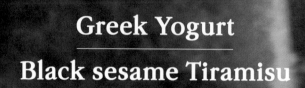

Greek Yogurt
Black sesame Tiramisu

그릭 요거트 흑임자 티라미수

빵순이들 모두 모이세요! 마스카르포네치즈와 에스프레소
향이 밴 촉촉한 시트의 조화로 완성되는 티라미수는 행복 그
자체지만, 매번 먹기에는 부담스러우셨죠. 그릭 요거트로 만들면
티라미수도 부담 없이 즐길 수 있어요! 건강하지만, 맛은 변치
않게 즐길 수 있는 그릭 요거트 흑임자 티라미수를 만나보세요.

Time

• 20분(+숙성하기 30분)

Ingredients

• 1차 유청 제거한 플레인 그릭 요거트
  200g
  + 만들기 챕터 2 참고
  + 꾸덕꾸덕한 맛을 원하면 2차 유청을
    제거한 그릭 요거트를 사용해도 좋다.
• 인스턴트 커피가루 1개(약 1g)
• 뜨거운 물 30㎖(3큰술)
• 알룰로스 15~20g(1~1과 1/2큰술)
• 흰 우유 30~40㎖(3~4큰술)
• 스테비아 20~25g(2~2와 1/2큰술)
• 흑임자가루 30g(3큰술)+5g(1/2큰술)
• 카스텔라 100g(또는 파운드케이크)

Recipe

1 볼에 커피가루, 뜨거운 물, 알룰로스를 섞어 커피소스를 만든다.

2 다른 볼에 그릭 요거트, 우유, 스테비아, 흑임자가루
  30g(3큰술)을 넣고 섞어 흑임자 그릭크림을 만든다.
  Tip. 부드러운 생크림 정도의 질감이 되도록 우유를 조금씩 넣어가며 농도를
  맞춘다.

3 짤주머니에 흑임자 그릭크림을 넣는다.

4 티라미수를 만들 그릇 가장 하단에 카스텔라를 넣고 커피소스를
  부어 적신다.

5 흑임자 그릭크림을 한 층 짠 후 카스텔라를 올리고, 크림을 다시
  짜넣는 과정을 반복한다.

6 맨 위에 남은 흑임자가루 5g(1/2큰술)을 뿌린 후 냉장실에 넣어
  30분간 숙성시킨다.

색다르게 즐기기 | 흑임자가루 대신 콩가루, 녹차가루, 초콜릿가루 등을 넣어 여러 가지
맛으로 즐길 수 있어요.

쫀득 그릭 요거트 브라우니

간단하게 만들 수 있고 맛도 재료도 건강한 브라우니예요. 버터
대신 그릭 요거트를 듬뿍 넣어서 우유의 고소함과 부드러움이
돋보이고, 진한 카카오 향과 맛이 어우러진 쫀득하고 꾸덕꾸덕한
식감이 취향 저격 그 자체! 바닐라 아이스크림을 한 숟가락
얹으면 더 행복해질 거예요.

Time

• 35분(+식히기)

Ingredients

20×15×3cm(가로, 세로, 높이), 1개분

• 1차 유청 제거한 플레인 그릭 요거트 150g
  + 만들기 챕터 2 참고
• 달걀 2개
• 바닐라에센스 1작은술
• 아몬드가루 40g(4큰술)
• 코코아파우더 30g(3큰술)
• 다크초콜릿 30g
• 스테비아 50g(5큰술)
• 소금 1.5g(1/2작은술)
• 올리브유 20g(2큰술)
• 베이킹파우더 1~2g(1/3작은술)
• 아몬드슬라이스 1~2큰술(또는 견과류)

Recipe

1 볼에 달걀, 바닐라에센스를 넣어 잘 푼 후 그릭 요거트를
   넣어 거품기로 섞는다. 이때 그릭 요거트가 뭉치지 않도록 잘
   저어가며 섞는다.

2 아몬드슬라이스를 제외한 나머지 재료를 모두 넣고 가루가
   보이지 않게 잘 섞는다.

3 오븐 팬 위에 종이 포일을 깐 후 반죽을 모두 붓는다.

4 아몬드슬라이스를 골고루 올린다.

5 180℃로 예열된 오븐에 20~25분간 굽는다. 반죽을 나무 꼬치로
   찔러보았을 때 반죽이 묻어 나오지 않으면 잘 구워진 것이다.

6 오븐에서 꺼내 식힘망에 올려 식힌다.
   Tip. 만든 후 바로 냉장 보관해두고 차갑게 먹는 것이 좋으며, 하루 숙성하면
   더욱 맛있다.

Greek Yogurt Cheese cake

그릭 요거트 치즈케이크

크림치즈 없이도 치즈케이크를 만들 수 있답니다. 비법은 바로
그릭 요거트! 그릭 요거트는 유청을 많이 뺀 꾸덕꾸덕한 스타일이
아닌 1차 유청만 뺀 것을 사용하세요. 구운 치즈케이크는 최소
1시간 이상 냉장실에 넣어 식힌 후 먹어야 부드러워요. 오븐에 더
오래 두면 바스크 치즈케이크 비주얼로도 만들 수 있어요.

Time ———

• 25분(+식히기, +냉장 숙성 1시간)

Ingredients ———

지름 약 11~12cm, 1개분

• 1차 유청 제거한 플레인 그릭 요거트
  200g
  + 만들기 챕터 2 참고
• 달걀 1개
• 스테비아 50g(5큰술)
• 아몬드가루 35g(3과 1/2큰술)
• 베이킹파우더 1~2g(1/3작은술)
• 바닐라에센스 1~2g(1/2작은술)
• 소금 약간

Recipe ———

1   볼에 달걀을 넣어 푼 후 그릭 요거트, 스테비아를 넣고 잘
    섞는다.

2   아몬드가루, 베이킹파우더, 바닐라에센스, 소금을 넣고 섞어
    반죽을 만든다.

3   케이크 틀에 반죽을 붓고 180℃로 예열한 오븐에 넣어
    10~15분간 굽는다. 나무 꼬치로 찔러보았을 때 반죽이 묻어
    나오지 않으면 잘 구워진 것이다.

4   오븐에서 꺼내 식힘망에 올려 식힌 후 냉장실에 넣어 최소
    1시간 이상 둔다. 기호에 따라 과일 콤포트를 토핑으로
    곁들인다. ★5일간 냉장 보관 가능

Custard Greek Yogurt Toast

커스터드 그릭 요거트 토스트

SNS에서 유명해진 커스터드 토스트를 훨씬 저칼로리로
즐길 수 있는 레시피입니다. 토핑은 과일 외에도 초콜릿,
건과일, 견과류 등 좋아하는 종류로 변경해도 돼요. 간단한
재료로 쉽게 만드는 메뉴로, 나만의 예쁜 홈 카페 디저트로
손색없답니다.

Time

• 25분

Ingredients

• 2차 유청 제거한 플레인 그릭 요거트 60g
  + 만들기 챕터 2 참고
• 식빵 2장
• 달걀 1개
• 바닐라에센스 1~2g(1/2작은술)
• 알룰로스 15g(1큰술 또는 메이플시럽 등
  당류)
• 냉동 블루베리 20~40g(또는 라즈베리 등)
• 시나몬가루 약간(또는 슈가파우더)

Recipe

1 볼에 달걀을 넣어 푼 후 그릭 요거트, 바닐라에센스, 알룰로스를
   넣고 섞어 커스터드 그릭크림을 만든다.

2 식빵 가운데를 포크나 숟가락으로 꾹꾹 눌러 공간을 만든다.

3 ①의 커스터드 그릭크림을 식빵에 만든 공간에 채운다.

4 냉동 블루베리를 올린 후 170~180℃로 예열한 오븐 또는
   에어프라이어에 넣어 10~12분간 식빵 테두리와 커스터드
   그릭크림이 노릇해지도록 굽는다.

5 시나몬가루를 뿌린다.

**색다르게
즐기기** | 과정 ①에서 코코아파우더를 1큰술 추가하면 커스터드 초코
그릭크림으로 응용이 가능해요. 이때 잘 섞이지 않으면 우유
1~2작은술을 넣어 농도를 맞추세요.

Greek Yogurt Fruit Sando

그릭 요거트 후르츠 산도

한입 먹으면 상큼한 과일과 그릭 요거트의 부드러운 맛이 퍼지는
디저트예요. 그릭 요거트 후르츠 산도는 생크림 대신 담백한
그릭 요거트를 넣어서 칼로리 부담이 적답니다. 과일은 체리, 귤,
무화과 등 제철 과일로 변경해도 좋아요. 취향에 맞게 맛있고
예쁜 디저트를 만들어요!

Time
• 30분

Ingredients
• 1차 유청 제거한 플레인 그릭 요거트 150g
  + 만들기 챕터 2 참고
• 식빵 2장
• 키위 1개(또는 다른 과일)
• 귤 1개(또는 다른 과일)
• 무화과 1개(또는 다른 과일)
• 알룰로스 15~20g(1큰술)

Recipe

1 키위와 귤은 껍질을 벗겨 2등분하고 무화과는 꼭지를 제거한다.

2 볼에 그릭 요거트, 알룰로스를 넣어 그릭크림을 만든다.

3 쿠킹 랩을 식빵의 2배 크기 정사각형으로 자른 후 마름모 형태로
   도마 위에 깐다. 그 위에 식빵 한 장을 놓고 ②의 그릭크림
   1큰술을 올려 얇게 펴 바른다.

4 과일을 모두 올린다.

5 나머지 그릭크림을 모두 올린 후 식빵으로 덮는다.

6 랩으로 감싸 냉동실에 넣어 15~20분간 굳힌다. 먹기 직전
   꺼내서 먹기 좋은 크기로 썬다.
   Tip. 랩으로 2번 튼튼하게 감싸주면 모양이 더 잘 잡힌다.

No oven Frozen
Greek Yogurt Bar

노오븐 프로즌 그릭바

오븐 없이 만들 수 있는 노오븐 레시피예요. 식사 대용으로도,
간식으로도 즐길 수 있는 건강한 초코바랍니다. 게다가 앞서
소개한 그릭 요거트 31을 활용하면 무궁무진한 메뉴들이
탄생할 거예요! 토핑용 과일은 제철 과일 또는 좋아하는 과일로
변경해도 좋아요.

Time
• 50분

Ingredients

• 1차 유청 제거한 플레인 그릭 요거트 80g
  + 만들기 챕터 2 참고
• 스테비아 10g(1큰술)
• 바나나 1/2개
• 오트밀 60g(4~5큰술)
• 시리얼 40g
• 땅콩버터 50g(2~3큰술)
• 다진 견과류 10~20g
• 소금 약간
• 알룰로스 15~20g(1큰술, 또는
  메이플시럽)
• 냉동 블루베리 30g(또는 베리류 또는
  블루베리콤포트)
• 아몬드슬라이스 10g
• 다크초콜릿 30g

Recipe

1 볼에 그릭 요거트, 스테비아를 넣고 섞어 그릭크림을 만든다.

2 볼에 껍질을 벗긴 바나나를 넣어 잘 으깬다. 오트밀, 시리얼,
   땅콩버터, 다진 견과류, 소금, 알룰로스를 넣어 뭉친다.
   Tip. 땅콩버터를 전자레인지에 넣어 10~20초 정도 살짝 데워 넣으면 뭉치기가
   더 쉽다.

3 그래놀라 틀 또는 냉동 가능한 밀폐용기에 반죽을 나누어 넣고
   꾹꾹 누른다.

4 ①의 그릭크림, 냉동 블루베리, 아몬드슬라이스를 순서대로
   올린 후 냉동실에 넣어 30분간 굳힌다.

5 전자레인지에 다크초콜릿을 넣고 30초~1분간 돌려 데운 후
   그릭바에 뿌린다. 초콜릿이 굳으면 틀에서 꺼낸다.

그릭 링도넛

파마산치즈 향과 함께 은은한 그릭 요거트 향이 감도는
링도넛이에요. 버터 대신 그릭 요거트를 사용하고, 튀기지
않은 구운 그릭 링도넛은 담백하고 고소해서 계속 생각나는
맛이랍니다. 쫀득하면서도 촉촉한 식감이 매력적인 링도넛,
꼭 만들어보세요!

Time

• 35~40분(+식히기)

Ingredients

• 1차 유청 제거한 플레인 그릭 요거트 70g
  + 만들기 챕터 2 참고
• 달걀 1/2개
• 알룰로스 30g(2~3큰술)
• 아몬드가루 50g(5큰술)
• 파마산치즈가루 20g(2큰술)
• 소금 1.5g(1/2작은술)
• 오트밀가루 10g(1큰술, 또는 박력분)
• 베이킹파우더 1g(1/3작은술)

Recipe

1   볼에 그릭 요거트, 달걀, 알룰로스를 넣고 섞는다.

2   아몬드가루, 파마산치즈가루, 소금, 오트밀가루,
    베이킹파우더를 넣고 가루가 보이지 않게 잘 섞는다.

3   반죽을 도넛 몰드에 넣는다. 이때 반죽을 짤주머니에 넣어
    몰드에 짜주면 더욱 깔끔하고 편리하다.
    Tip. 도넛 몰드가 없다면 오븐 팬에 종이 포일을 깔고 동그랗게 모양을 만들어도
    좋다.

4   180℃로 예열된 오븐에 넣어 20~25분간 굽는다. 색이
    노릇해지고 나무 꼬치로 찔렀을 때 반죽이 묻어 나오지 않으면
    잘 구워진 것이다. 파마산치즈 향이 진하게 날 때 꺼내 식힘망에
    올려 식힌다.

Greek Yogurt bark Ice cream

그릭 요거트 바크 아이스크림

알록달록 예쁜 비주얼의 얇은 판 초콜릿, 바크초콜릿처럼 그릭
요거트로 바크아이스크림을 만들어볼까요? 개인 취향에 맞춰
토핑과 색감을 바꿔 나만의 '그릭 요거트 바크 아이스크림
시리즈'로 만들어도 좋아요.

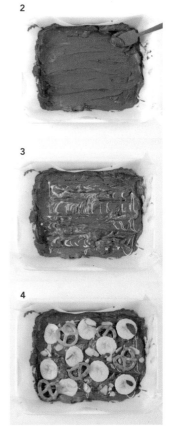

2

3

4

① 피넛 초코 바나나 맛

Ingredients

- 1차 유청 제거한 플레인 그릭 요거트 100g
  + 만들기 챕터 2 참고
- 코코아파우더 20~30g(2~3큰술)
- 알룰로스 20g(1과 1/2큰술)
- 땅콩버터 50g(2~3큰술)
- 화이트초콜릿 5~10g
- 바나나 1/2개 슬라이스한 것
- 다진 견과류 20g
- 프레첼(생략 가능)

Recipe

1 볼에 그릭 요거트, 코코아파우더, 알룰로스를 넣어 잘 섞는다.

2 넓은 그릇에 유산지를 깔고 ①의 그릭 요거트를 넣어 얇게 편다.

3 땅콩버터와 중탕한 화이트초콜릿을 과정 ②의 그릭 요거트 위에
   뿌린 후 포크로 모양을 낸다(초콜릿은 생략 가능).

4 바나나 슬라이스, 다진 견과류, 프레첼을 올린다.

5 냉동실에 넣어 최소 5시간 이상 얼린 후 부순다.

② 망고 코코넛 맛

Ingredients

- 1차 유청 제거한 플레인 그릭 요거트 100g
  + 만들기 챕터 2 참고
- 알룰로스 20g(1과 1/2큰술)
- 망고콤포트 50g(3~4큰술)
  + 만들기 107쪽 참고
- 코코넛젤리 30g
- 코코넛슬라이스 20~30g(또는 코코넛청크)

Recipe

1 볼에 그릭 요거트, 알룰로스를 넣어 섞는다.

2 넓은 그릇에 유산지를 깔고 ①의 그릭 요거트를 넣어 얇게 편다.

3 망고콤포트, 코코넛젤리를 ②의 그릭 요거트에 뿌린다.

4 코코넛슬라이스를 위에 올린다.

5 냉동실에 넣어 최소 5시간 이상 얼린 후 부순다.

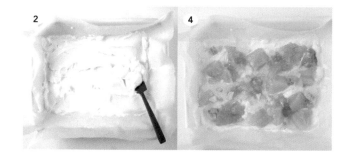

③ 베리 키위 맛

Ingredients

- 1차 유청 제거한 플레인 그릭 요거트 100g
  + 만들기 챕터 2 참고
- 라즈베리콤포트 20~30g(1~2큰술)
  + 만들기 65쪽 참고
- 냉동 트리플베리 30~40g(2~3큰술)
- 키위 1/2개 잘게 썬 것
- 그래놀라 20g(1~2큰술)
  + 만들기 40쪽 참고

Recipe

1 볼에 그릭 요거트, 라즈베리콤포트를 넣어 섞는다.

2 넓은 그릇에 유산지를 깔고 ①의 그릭 요거트를 넣어 얇게 편다.

3 냉동 트리플베리, 잘게 썬 키위, 그래놀라를 위에 올린다.

4 냉동실에 넣어 최소 5시간 이상 얼린 후 부순다.

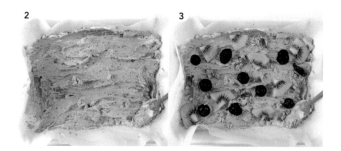

④ 말차 화이트 초콜릿 맛

Ingredients ————

- 1차 유청 제거한 플레인 그릭 요거트 100g
  + 만들기 챕터 2 참고
- 알룰로스 30g(2큰술)
- 말차가루 5~10g(1/2~1큰술, 또는 녹차가루)
- 화이트초콜릿 20~30g
- 잘게 조각낸 팥양갱 2~3큰술(또는 팥앙금)

Recipe ————

1 볼에 그릭 요거트, 알룰로스, 말차가루를 넣어 섞는다.

2 넓은 그릇에 유산지를 깔고 ①의 그릭 요거트를 넣어 얇게 편다.

3 화이트초콜릿 10g을 중탕으로 녹인 후 ②의 그릭 요거트에 뿌린다.

4 잘게 조각낸 팥양갱, 남은 화이트초콜릿을 올린다.

5 냉동실에 넣어 최소 5시간 이상 얼린 후 부순다.

2
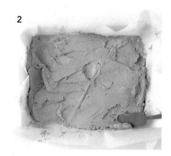
4
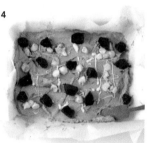

⑤ 허니 그래놀라 맛

Ingredients ————

- 1차 유청 제거한 플레인 그릭 요거트 100g
  + 만들기 챕터 2 참고
- 꿀 30g(2큰술, 또는 알룰로스, 메이플시럽 등)
- 그래놀라 40~50g(3~4큰술)
  + 만들기 40쪽 참고
- 씨앗 약간(생략 가능)
- 베리류 약간(생략 가능)

Recipe ————

1 볼에 그릭 요거트, 꿀을 넣어 섞는다.

2 넓은 그릇에 유산지를 깔고 ①의 그릭 요거트를 넣어 얇게 편다.

3 ②의 그릭 요거트 위에 그래놀라, 씨앗, 베리류를 올린다.

4 냉동실에 넣어 최소 5시간 이상 얼린 후 부순다.

2
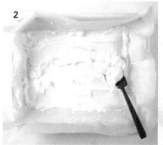
3
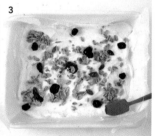

| 보관하기 | 상온에 오래 두면 녹을 수 있어요. 냉동실에 보관한 후 먹기 직전에 꺼내요. |

Greek Yogurt Crumble Cake

그릭 요거트 크럼블 케이크

크럼블은 그래놀라 못지않게 그릭 요거트와 잘 어울리는 디저트예요.
집에서도 나만의 스타일대로 떠먹는 크럼블 케이크를 만들 수
있답니다. 플레인 그릭 요거트 말고 앞에 소개한 31가지 맛 그릭
요거트 그 어떤 것을 활용해도 좋아요. 크럼블은 그릭 요거트에
토핑으로 올려 먹어도 맛있으니 넉넉히 만들어 두길 추천해요!

Time ────

• 10분

Ingredients ────

• 1차 유청 제거한 플레인 그릭 요거트 70g
  + 만들기 챕터 2 참고
• 바닐라알룰로스 10~20g(1/2~1큰술, 또는
  알룰로스)
• 크럼블 50~60g(4~5큰술)
  + 만들기 39쪽 참고
• 블루베리콤포트 20~30g(1~2큰술)
  + 만들기 68쪽 참고
• 바나나 1/2개 슬라이스한 것

Recipe ────

1   볼에 그릭 요거트, 바닐라알룰로스를 넣어 잘 섞는다.

2   그릇에 크럼블의 2/3 분량을 넣는다.

3   블루베리콤포트를 올린 후, 바나나 슬라이스를 펼쳐 올린다.

4   ①의 그릭 요거트를 모두 올린다.

5   남은 크럼블을 맨 위에 올린다.

그릭 요거트 크레이프 롤

부드럽고 고소한 오트밀 크레이프와 초코 그릭크림으로
건강하고 맛있는 디저트를 만들었어요. 바나나를 새콤달콤한
베리류로 대체해도 잘 어울리고, 과일 대신 과일잼을 넣어도
좋아요. 여러 가지 버전으로 응용하여 맛있는 크레이프 롤을
만들어보세요.

Time

• 30분

Ingredients

• 1차 유청 제거한 플레인 그릭 요거트 70g
  + 만들기 챕터 2 참고
  + 꾸덕꾸덕한 맛을 원하면 2차 유청을 제거한
    그릭 요거트를 사용해도 좋다.
• 달걀 1개
• 흰 우유 120~150㎖
• 오트밀가루 100g(또는 아몬드가루)
• 알룰로스 20~30g(1~2큰술, 또는
  메이플시럽, 아가베시럽 등)
• 베이킹파우더 1.5g(1/2작은술)
• 코코아파우더 20g(2큰술)
• 올리브유 적당량
• 바나나 1/2개(또는 다른 과일)
• 견과류 20g

Recipe

1 볼에 달걀을 넣어 푼 후 우유, 오트밀가루, 알룰로스,
  베이킹파우더를 넣고 잘 섞는다.

2 다른 볼에 그릭 요거트, 코코아파우더를 넣고 초코 그릭크림을
  만든다.

3 달궈진 팬에 올리브유를 두른 후 ①의 반죽을 3큰술 올려
  동그랗고 얇게 편다.

4 반죽에 기포가 올라오면 뒤집어서 구운 후 그릇에 덜어 식힌다.

5 바나나는 모양을 살려 슬라이스하고, 견과류는 적당한 크기로
  다진다.

6 식힌 크레이프 위에 ②의 초코 그릭크림을 바르고 바나나,
  견과류를 올린 후 돌돌 만다.

Chapter 5

Greek Yogurt Brunch Recipe

그릭 요거트 브런치 레시피

31가지 특별한 맛의 그릭 요거트와
디저트에 이어, 브런치 레시피에도 그릭 요거트를
활용해볼까요? 스크램블드 에그부터 샌드위치, 김밥,
유부초밥까지! 그릭 요거트로 이렇게 다양한 메뉴를 만들
수 있다는 점에 깜짝 놀랄 거예요.
생크림, 버터, 마요네즈 대신 그릭 요거트를 활용한
레시피가 많아 다이어트 식단으로도 제격이랍니다.
상상 그 이상으로 다양한 그릭 요거트 브런치 레시피로
한 끼를 풍성하게 만들어보세요.

Greek Yogurt

Scrambled Eggs

그릭 요거트 스크램블드 에그

버터와 생크림 없이 부드럽고 고소한 호텔 조식 스타일
스크램블드 에그를 집에서도 만들 수 있답니다. 그릭 요거트를
넣어 부드럽고 더 고소하죠. 노릇하게 구운 식빵, 베이컨, 소시지,
샐러드 등의 사이드 메뉴를 곁들여 여유로운 주말 브런치를
즐겨보세요.

Time

• 20분

Ingredients

• 1차 유청 제거한 플레인 그릭 요거트
  50~60g(4큰술)
  + 만들기 챕터 2 참고
• 달걀 3개
• 소금 약간
• 올리브유 1큰술(또는 다른 요리유)
• 후춧가루 약간

Recipe

1 볼에 달걀, 소금을 넣고 잘 푼다.

2 그릭 요거트를 넣고 잘 섞는다. 이때 그릭 요거트가 뭉치지
   않도록 거품기로 많이 저어준다

3 달군 팬에 올리브유를 두르고 ❷를 넣어 중약 불로 익힌다.

4 달걀이 반 정도 익기 시작하면 약한 불로 줄이고 젓가락 또는
   숟가락으로 휘저어가며 익힌다.
   Tip. 이때 고슬고슬한 식감을 선호한다면 약한 불에서 수분기를 날려가며 더
   오래 익힌다.

5 후춧가루를 뿌린 후 불을 끈다. 기호에 따라 케첩, 머스터드를
   곁들인다.

Egg Greek Salad

에그릭 샐러드

남녀노소 누구나 좋아할 에그마요샐러드! 마요네즈 대신 그릭
요거트를 넣어서 좀 더 건강하게 만들 수 있어요. 크로아상,
베이글, 모닝빵 사이에 넣어 샌드위치로 먹어도 좋고, 샐러드로만
먹어도 정말 맛있는 활용 만점 에그릭 샐러드를 소개합니다.

Time

• 15분

Ingredients

• 2차 유청 제거한 플레인 그릭 요거트
  50g(3~4큰술)
  + 만들기 챕터 2 참고
• 삶은 달걀 2개
• 양파 1/4개
• 오이 1/4개(또는 피클)
• 베이컨 20g(또는 소시지)
• 옥수수콘 2큰술
• 소금 1/2작은술
• 스테비아 1큰술(기호에 따라 가감)
• 파슬리 1/2작은술
• 홀그레인 머스터드 1작은술

Recipe

1 양파는 잘게 다지고 찬물에 5분 이상 담가 매운맛을 뺀다.
  오이도 잘게 다진다.

2 삶은 달걀은 껍질을 벗겨 으깨고, 베이컨은 살짝 데치거나
  노릇하게 구워 잘게 썬다.

3 볼에 모든 재료를 넣고 섞는다.
  Tip. 취향에 따라 후춧가루를 추가한다.

Greek Yogurt

Sweet Pumpkin Cream Soup

그릭 요거트 단호박 크림수프

포슬포슬하고 달콤한 단호박에 볶을수록 더욱 달콤해지는
양파로 감칠맛을 더한 수프예요. 양파를 볶을 때 그릭 요거트를
넣으면 버터 향이 나며 풍미가 더욱 깊어진답니다. 포근하고
따뜻한 수프로 하루를 시작해보세요.

3

4-1

4-2

Time ———
· 50분

Ingredients ———
· 2차 유청 제거한 플레인 그릭 요거트
  50g(3~4큰술)
  + 만들기 챕터 2 참고
· 양파 1/2개
· 단호박 찐 것 300g
· 흰 우유 300㎖
· 소금 1/2작은술
· 스테비아 1큰술(기호에 따라 가감)
· 올리브유 1/2큰술(또는 다른 요리유)

Recipe ———

1 양파는 가늘게 채 썰고, 단호박은 곱게 으깬다.

2 달군 냄비에 올리브유를 두르고 양파가 투명해질 때까지 중약
   불에서 볶는다.

3 양파가 반투명해지면서 살짝 갈색을 띠면 그릭 요거트를 넣고
   섞는다.

4 고소한 향이 올라오면 우유, 으깬 단호박을 넣어 중간 불에서
   10~15분간 저어가며 끓인다.
   Tip. 묽은 농도의 수프를 선호한다면, 이때 우유를 추가해 농도를 조절한다.

5 소금과 스테비아를 넣고 섞는다.
   Tip. 기호에 따라 스테비아 또는 알룰로스, 꿀을 1큰술 추가한다.

6 한소끔 끓어오르면 약한 불로 줄인 후 뚜껑을 덮어 15분간
   끓인다.
   Tip. 이때 핸드 블렌더로 곱게 갈면 더 부드럽다.

더 맛있게 즐기기	취향에 따라 마지막에 시나몬가루를 넣어보세요. 풍미가 더 좋아져요.

더 부드럽게 즐기기	과정 ⑤까지 진행한 후 불을 끄고 10분간 식혀 믹서에 넣고 곱게 간 후 다시 냄비에 넣어 5분간 끓이면 더 부드럽다.

Greek Yogurt Caprese

그릭 요거트 카프레제

그릭 요거트를 쿠킹 랩으로 감싼 후 굳혀 썰면 통모차렐라치즈 모양이 됩니다. 모차렐라치즈 대신 다양한 요리에 활용할 수 있지요. 이 메뉴는 토마토와 그릭 요거트를 번갈아 가며 겹치게 플레이팅 해야 제맛! 그리고 드레싱으로 사용한 올리브유와 발사믹 글레이즈, 그릭 요거트는 정말 추천하는 조합이니 꼭 만들어보세요.

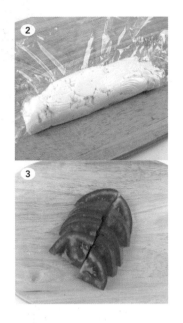

Time

• 30분

Ingredients

• 2차 유청 제거한 플레인 그릭 요거트 100g
  + 만들기 챕터 2 참고
• 소금 1/4작은술
• 알룰로스 1/2작은술(3~5g)
• 갈릭후레이크 1작은술(생략 가능)
• 토마토 1/2개(또는 대추방울토마토)
• 올리브유 1/2큰술(또는 바질페스토)
• 발사믹글레이즈 1큰술
• 아몬드슬라이스 1~2큰술

Recipe

1 볼에 그릭 요거트, 소금, 알룰로스, 갈릭후레이크를 넣고 섞는다.

2 도마에 랩을 깔고 ①을 모두 올린다. 김밥 싸듯 돌돌 말아준 후, 냉동실에 넣어 10~15분간 굳힌다.

3 토마토는 먹기 좋은 크기로 썬다.

4 그릭 요거트를 꺼내 랩을 제거하고 8~10등분한다.

5 그릇에 토마토와 그릭 요거트를 번갈아 가며 올린다.

6 올리브유(또는 바질페스토), 발사믹글레이즈를 뿌린다.
   Tip. 기호에 따라 후춧가루를 뿌리면 풍미가 더 좋아진다.

7 아몬드슬라이스를 뿌린다.

| 더 예쁘게 만들기 | 그릭 요거트를 랩으로 말 때 지름을 토마토의 절반 이상 크기로 만들어야 더 맛있고, 플레이팅도 예뻐요. |

Salmon Greek Yogurt

Salad Gimbap

대왕 연어 그릭 샐러드 김밥

일반 김밥보다 밥은 훨씬 적게 들어가지만, 다양한 속 재료가
듬뿍 들어가서 몇 개만 집어먹어도 배가 든든한 김밥이에요.
가벼운 한 끼로 제격! 이 메뉴에는 꼭 유청을 많이 뺀 꾸덕꾸덕한
그릭 요거트를 활용해주세요. 크림치즈 대신 부드러운 감칠맛을
더해주는 큰 역할을 한답니다.

Time

• 25분

Ingredients

• 2차 유청 제거한 플레인 그릭 요거트
  40~50g(3~4큰술)
  + 만들기 챕터 2 참고
• 흑미밥 100g(또는 곤약밥)
• 소금 1/2작은술
• 스테비아 1/2작은술(기호에 따라 가감)
• 알룰로스 1/2작은술(3~5g)
• 김밥용 김 2장
• 채 썬 적양배추 100g(또는 양배추)
  + 일반 크기로 만들고 싶다면 양배추를
    50g만 사용한다.
• 게맛살(크래미) 2개
• 생연어 60~70g
• 슬라이스 치즈 2장
• 깻잎 4장
• 참기름 약간

Recipe

1 볼에 채 썬 적양배추를 넣고 물을 자박하게
붓는다. 식초 1큰술을 넣고 5분간 담가둔다.

2 볼에 밥, 소금 1/4작은술, 스테비아를 넣어 버무려
밑간한다. 다른 볼에 그릭 요거트, 소금 1/4작은술,
알룰로스를 넣고 섞는다.

3 게맛살은 결대로 찢고 연어는 길게 썬다.
적양배추는 물기를 완전히 제거한다.

4 도마에 김발을 깔고 김 한 장을 펼친 후 밥을 올려
김의 2/3 정도만 차지하도록 넓게 간다. 그 위에
나머지 김을 길게 올려 밥알로 붙인다.

5 밥 위에 치즈 2장→깻잎 4장→양배추→
게맛살→②의 그릭 요거트 순으로 올린다.
Tip. 채 썬 양배추와 홀그레인머스터드(1~2큰술)를 버무려
넣으면 맛이 더 풍성해진다.

6 맨 위에 연어를 올린 후 김밥을 만다. 이때 김
위에 밥알을 올려 말면 김밥이 잘 풀어지지
않는다.

7 김밥과 칼에 참기름을 바른 후 먹기 좋게 썬다.
기호에 따라 초간장 양념을 만들어 곁들여도 좋다.
Tip. 초간장 양념 재료: 진간장 1작은술, 식초 1/2작은술,
알룰로스 1/2작은술

Greek Yogurt

Fried Tofu Rice Balls

4색 그릭 요거트 유부초밥

유부초밥 좋아하시나요? 김밥과는 또 다른 매력의 유부초밥을
부담 없이 먹을 수 있는 레시피를 소개합니다. 흰 쌀밥 대신
두부와 현미밥으로 만들어 건강하고 보기민 해도 배부른 크기에
포만감도 좋답니다. 게다가 그릭 요거트로 만든 먹음직스러운
4가지 토핑을 올려 모양도 정말 예쁘지요. 도시락 통에 예쁘게
담아 피크닉을 떠나도 좋겠죠?

Time

• 50분

Ingredients

• 두부 300g
• 현미밥 150g
• 사각 유부 8개

▶ 4가지 토핑
각각 유부초밥 2개분

1) 과카몰리 토핑

2차 유청 제거한 그릭 요거트 15g(1큰술),
껍질과 씨를 제거한 아보카도 1/4개, 다진
양파 1큰술, 알룰로스 1/2큰술, 블랙올리브
1개 슬라이스한 것, 소금 1/2작은술,
후춧가루 약간

2) 명란 날치알 크림 토핑

2차 유청 제거한 그릭 요거트 20g(1~2큰술),
명란젓(껍질 제거) 1큰술, 날치알 1큰술, 다진
단무지 1큰술, 다진 쪽파 2g

3) 게살 와사비 크림 토핑

2차 유청 제거한 그릭 요거트 20g(1~2큰술),
알룰로스 1작은술, 잘게 찢은 게맛살 2개,
와사비 쌈무 1장 다진 것, 후춧가루 약간

4) 에그샐러드 토핑

2차 유청 제거한 그릭 요거트 20g(1~2큰술),
삶은 달걀 으깬 것 1개, 다진 양파 1큰술,
오이피클 다진 것 1/2큰술, 알룰로스 1/2큰술,
소금·후춧가루 약간

Recipe

1 4개의 볼에 각각의 토핑 재료를 넣어 잘 섞는다.
   Tip. 과카몰리·에그샐러드 토핑 재료 중 양파는 찬물에 5분 이상 담가 매운맛을
   제거한다.

2 두부는 끓는 물에 넣어 3분간 데친다. 밥은 한 김 식힌다.

3 볼에 두부, 밥, 시판 유부에 동봉된 플레이크와 조미액을 넣고
   주걱으로 섞는다.

4 사각 유부 속에 ③의 두부밥을 채운다.

5 원하는 토핑을 1~2큰술 올린다.

건강한 재료로 대체하기	시판 유부에 동봉된 플레이크와 조미액 대신 스테비아 3g, 식초 1g, 참기름 4g, 통깨 5g, 소금 1g을 섞어 사용해도 좋아요.

Greek Yogurt
Turkey Sandwich

그릭 요거트 터키 샌드위치

고단백 저지방 터키햄을 넣어 든든하고 건강한 한 끼로 제격인
샌드위치예요. 특유의 맛과 향이 좋은 루꼴라와 부드럽고
크리미한 그릭 요거트, 톡톡 씹히는 홀그레인머스터드가 맛있는
조화를 이루는 메뉴랍니다.

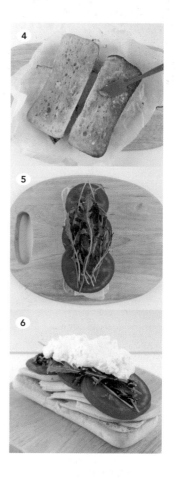

Time ───────

• 25분

Ingredients ───────

• 2차 유청 제거한 플레인 그릭 요거트
  60~70g(5~6큰술)
  + 만들기 챕터 2 참고
• 치아바타빵 1개
• 알룰로스 1작은술 + 1큰술
• 소금 약간
• 홀그레인머스터드 1/2큰술
• 슬라이스 치즈 1장
• 슬라이스 터키햄 5~6장(또는 슬라이스
  닭가슴살햄)
• 토마토 1/2개 슬라이스한 것
• 루꼴라 5~6장(또는 상추, 또는 미니
  루꼴라 12~15장)

Recipe ───────

1 치아바타는 2등분한 후 달군 팬 위에 안쪽 면이
바닥으로 가게 올려 살짝 굽는다.
Tip. 150℃로 예열한 오븐이나 에어프라이어에 넣어 5분간
구워도 된다.

2 볼에 그릭 요거트, 알룰로스 1작은술, 소금을 넣고
섞는다.

3 다른 볼에 홀그레인머스터드, 남은 알룰로스를
넣어 섞는다.

4 치아바타 한 쪽 면에 ③의 소스를 펴 바른다.

5 다른 치아바타 위에 슬라이스 치즈, 터키햄,
토마토, 루꼴라를 올린다.

6 ②의 그릭 요거트를 잘 뭉쳐서 루꼴라 위에 올린
후 치아바타로 덮는다.

> **더 맛있게 즐기기**
> 발사믹글레이즈와 잘 어울리는 메뉴예요.
> 취향에 따라 과정 ④에서 소스를 펴 바른 후
> 발사믹글레이즈를 골고루 뿌려보세요. 풍미가 더
> 좋아져요.

그릭 요거트 치킨 랩

그릭 요거트로 만들어 담백한 시저샐러드를 통밀토르티야 위에 듬뿍
올려 돌돌 말면 건강하고 든든한 스낵랩 완성! 속 재료로 토마토,
달걀프라이, 치즈 등을 추가하면 더욱 든든하답니다. 통밀토르티야
대신 식빵, 베이글을 사용해도 괜찮아요.

Time

• 30분

Ingredients

• 2차 유청 제거한 플레인 그릭 요거트
  60g(4~5큰술)
  + 만들기 챕터 2 참고
• 홀그레인머스터드 1큰술
• 알룰로스 1과 1/2큰술(30~35g)
• 소금 1/2작은술
• 다진 견과류 1/2큰술
• 시판 완조리 닭가슴살 120g(또는 통조림
  참치 기름 뺀 것)
• 통밀토르티야 15cm 2장
• 로메인 4~5장

Recipe

1 큰 볼에 그릭 요거트, 홀그레인머스터드, 알룰로스, 소금, 다진
   견과류를 넣고 섞어 드레싱을 만든다.
   Tip. 간을 거의 하지 않은 레시피로, 기호에 따라 소금, 후추, 홀그레인머스터드
   등을 가감한다.

2 닭가슴살은 결대로 잘게 찢는다.

3 작은 볼에 ①의 드레싱 1큰술을 덜어둔다. ①의 볼에 닭가슴살을
   넣고 버무린다.

4 마른 팬에 통밀토르티야를 올려 중약 불에서 노릇하게 굽는다.

5 도마에 랩을 깔고 토르티야 2장을 1/3만 겹쳐 올린 후, 덜어둔
   드레싱 1큰술을 넓게 펴 바른다.

6 로메인→③의 닭가슴살 순으로 올린 후 토르티야 양옆을
   접어올린다.

7 돌돌 만 후 랩으로 감싼다.

색다르게 즐기기	말린 크랜베리 1큰술을 과정 ③에 추가해 넣으면 새콤달콤한 맛의 치킨 랩으로 즐길 수 있답니다.

Greek Yogurt

Mushroom Bagel Sandwich

그릭 요거트 머쉬룸 베이글 샌드위치

쫄깃한 버섯과 여러 종류의 허브, 페스토가 어우러진 베이글
샌드위치예요. 건강한 재료로 만족감 있는 한 끼가 될 거예요.
그릭 요거트 스크램블드 에그(154쪽)를 곁들여 먹어도 잘
어울리고, 취향에 따라 토마토를 추가해도 좋아요.

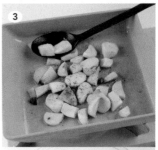

Time
• 30분

Ingredients
• 2차 유청 제거한 플레인 그릭 요거트
  100g
  + 만들기 챕터 2 참고
• 베이글 1개
• 썬드라이드토마토 20g
• 블랙올리브 3개(또는 슬라이스
  블랙올리브 8~10개)
• 미니 새송이버섯 30g
• 알룰로스 3~5g(1/2작은술)
• 바질페스토 1/2큰술
• 올리브유 1/2큰술(또는 다른 요리유)
• 소금 약간
• 후춧가루 약간
• 파슬리가루 약간

Recipe

1 썬드라이드토마토, 블랙올리브는 큼직하게 다진다.

2 베이글은 가로로 2등분한 후 마른 팬에 올려 노릇하게 굽는다.

3 팬에 올리브유를 두르고 미니 새송이버섯을 넣어 센 불에서
  볶는다. 소금, 후춧가루, 파슬리가루를 넣고 버섯이 살짝
  노릇해질 때까지 볶아 그릇에 덜어 한 김 식힌다.

4 볼에 그릭 요거트, 알룰로스를 넣고 섞는다. 썬드라이트토마토,
  블랙올리브, 한 김 식힌 버섯을 넣고 섞는다.
  Tip. 이때 버섯이 너무 뜨거우면 크림이 녹을 수 있으니 반드시 한 김 식혀서
  넣는다.

5 베이글 한쪽 면에 바질페스토를 펴 바른다.

6 위에 ④를 올린 후 남은 베이글로 덮는다.

Smoked Salmon

Greek Yogurt Sandwich

훈제연어 그릭 샌드위치

록스 스프레드(lox spread, 크림치즈와 훈제연어가 함께 섞인
스프레드)가 두툼하게 발라진 뉴욕 베이글을 먹고 무척 행복했던
기억이 나요. 그릭 요거트를 활용한 록스 스프레드도 별미랍니다.
크림치즈보다 건강한 그릭 요거트를 활용해 베이글 샌드위치를
더 가볍게 즐겨보세요!

Time

• 25분(+ 숙성하기 하루)

Ingredients

• 2차 유청 제거한 플레인 그릭 요거트
  400~450g
  + 만들기 챕터 2 참고
• 훈제연어 200g
• 베이글 1개(또는 식빵 2장)
• 딜 1/2큰술(또는 쪽파)
• 케이퍼 1/2작은술(생략 가능)
• 레몬즙 1/2작은술(2~3㎖)
• 후춧가루 약간

Recipe

1 훈제연어, 딜, 케이퍼를 잘게 다진다.

2 볼에 그릭 요거트, 연어, 딜, 케이퍼, 레몬즙을 넣고 잘 버무린다.

3 후춧가루를 넣고 잘 섞은 후 밀폐용기에 담아 냉장실에서 하루
   정도 숙성시킨다.

4 베이글은 가로로 2등분한 후 마른 팬에 올려 노릇하게 굽는다.

5 베이글 한 쪽 면에 ③의 그릭 록스 스프레드를 올린 후 남은
   베이글로 덮는다.
   Tip. 이때 훈제연어 슬라이스를 올리면 더 맛있다.

Prawn
Greek Yogurt Sandwich

프라운 그릭 요거트 샌드위치

보통 새우보다 크기가 큰 새우(프라운 새우)로 만든
샌드위치예요. 새우를 통째로 넣고, 다져서도 넣어서 식감이 통통
튀지요. 마요네즈 대신 그릭 요거트를 듬뿍 넣어 건강한 메뉴로
재탄생했어요. 새우는 오래 익히면 질겨지므로 데치는 시간은
2분을 넘기지 마세요!

5

7

Time

• 25분

Ingredients

• 2차 유청 제거한 플레인 그릭 요거트
  50~60g(4~5큰술)
  + 만들기 챕터 2 참고
• 통밀빵 2장
• 삶은 새우살 150g(킹사이즈)
• 아보카도 1/4개
• 청상추 3장(또는 로메인)
• 다진 마늘 1/2작은술
• 소금 1/2작은술
• 파슬리가루 1/2작은술
• 후춧가루 약간
• 알룰로스 1작은술

Recipe

1 마른 팬에 통밀빵을 올려 노릇하게 굽는다.

2 새우는 끓는 물에 넣어 1분간 데친다.

3 새우 1/2 분량을 잘게 다지고 아보카도는 껍질과 씨앗을 제거한
   후 으깬다.

4 볼에 다진 새우, 아보카도, 그릭 요거트, 다진 마늘, 소금,
   파슬리가루, 후춧가루를 넣어 섞어 프라운 그릭크림을 만든다.

5 남은 통새우를 넣고 살살 버무린다.

6 빵 한 장의 한 면에 프라운 그릭크림을 얇게 펴 바르고, 다른 한
   장의 한쪽 면에는 알룰로스를 펴 바른다.

7 알룰로스를 바른 빵 위에 청상추, ⑤를 올린 후 다른 빵으로
   덮는다.

| 색다르게 즐기기 | 매콤한 맛을 좋아한다면, 과정 ④에서 스리라차소스 1큰술을 추가하세요. |

Greek Yogurt Spread

– *Onion*

그릭 요거트 스프레드 _ 양파 맛

베이글이나 식빵 사이에 발라 샌드위치로, 또는 크래커에 올려
핑거푸드로 먹기 참 좋은 그릭 요거트 스프레드 2가지를 소개해드릴게요.
크림치즈보다 맛있고, 살찔 부담은 적어서 강력 추천하는 메뉴랍니다.
먼저 소개할 메뉴는 어니언 그릭 요거트 스프레드예요. 발사믹식초와 와인
등을 넣고 졸인 양파 처트니(chutney)와 꾸덕한 그릭 요거트를 섞어서
만들었어요. 감칠맛이 풍부해 술안주로도 그만이랍니다.

Time ———

• 30분(+식히기 20분)

Ingredients ———

• 2차 유청 제거한 플레인 그릭 요거트
  400~450g
  + 만들기 챕터 2 참고
• 양파 1개
• 올리브유 1~2큰술
• 발사믹식초 1~2큰술(기호에 따라 가감)
• 흑설탕 2~3큰술(또는 스테비아, 기호에
  따라 가감)
• 소금·후춧가루 약간

Recipe ———

1 양파는 채 썬다.

2 달군 팬에 올리브유를 두르고 양파를 넣어 숨이 완전히 죽을
   때까지 볶는다.

3 발사믹식초, 흑설탕을 넣고 수분을 날려가며 졸인다. 이때
   취향에 따라 소금, 후춧가루로 간한다.

4 소스가 쫀득하고 걸쭉한 상태가 되면 불을 끄고 한 김 식힌 후
   밀폐용기에 담아 냉장 보관한다(양파 처트니 완성).

5 볼에 그릭 요거트, 차게 식힌 양파 처트니를 넣고 잘 섞는다.
   이때 양파 처트니를 한 번에 넣지 말고, 조금씩 넣어가며 취향에
   따라 가감한다.

   Tip. 양파 처트니는 30일간 냉장 보관 가능하고, 양파 그릭 요거트 스프레드는
   냉장 보관한 후 7일 이내에 먹는 것이 좋다.

더 맛있게 즐기기 바로 먹어도 맛있지만, 하루 정도 숙성시킨 후 먹으면 맛과 향이 잘 배어 더 맛있어요.

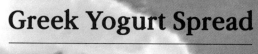

Greek Yogurt Spread

– Leak

그릭 요거트 스프레드 _ 대파 맛

유명 베이글 가게 시그니처 메뉴 대파 크림치즈! 한 번쯤 들어보셨을
거예요. 대파의 아삭한 식감과 향이 매력적인 대파 크림치즈는 치즈의
느끼함을 잡아주는 대파의 역할이 매우 중요한 메뉴랍니다. 크림치즈
대신 꾸덕꾸덕한 플레인 그릭 요거트를 활용해서 크림치즈 같은 대파 그릭
요거트 스프레드를 만들어보세요. 크림치즈 대신 그릭 요거트를, 설탕
대신 알룰로스를 넣어, 부담은 줄이고 맛은 살렸어요!

Time ———

• 15분

Ingredients ———

• 2차 유청 제거한 플레인 그릭 요거트
  200~250g
  + 만들기 챕터 2 참고
• 대파 40~50g(기호에 따라 가감)
• 알룰로스 1과 1/2큰술(또는 꿀)
• 소금 1/2작은술
• 후춧가루 약간(생략 가능)

Recipe ———

1 대파는 잘게 썬다.

2 마른 팬에 대파를 넣고 약한 불에서 수분이 어느 정도 날아갈
   때까지 볶아 매운맛을 제거한다.

3 볼에 그릭 요거트, 볶은 대파, 알룰로스, 소금, 후춧가루를 넣고
   섞는다.
   Tip. 대파 그릭 요거트 스프레드는 냉장 보관한 후 7일 이내에 먹는 것이 좋다.

더 맛있게
즐기기

바로 먹어도 맛있지만, 하루
정도 숙성시킨 후 먹으면
맛과 향이 서로 잘 배어 더
맛있어요.

Greek Yogurt

Salted pollack roe Cream Risotto

그릭 요거트 명란 크림 리소토

그릭 요거트와 명란의 조합, 조금 어색하고 낯설지요? 하지만 이 메뉴는 정말 제가 강력 추천하는 레시피랍니다. 크리미한 그릭 요거트와 짭조름하고 톡톡 터지는 명란의 만남이 환상적이에요. 그릭 요거트 활용법은 정말 무궁무진하답니다!

Time

• 30분

Ingredients

• 2차 유청 제거한 플레인 그릭 요거트 50g(3~4큰술)
  + 만들기 챕터 2 참고
• 깻잎 1장
• 양파 1/4개
• 대파 흰 부분 5cm
• 명란젓 1/2개(약 40g)
• 현미밥 200g(또는 곤약밥)
• 올리브유 1/2큰술
• 다진 마늘 1/2큰술
• 흰 우유 150㎖
• 소금 약간
• 후춧가루 약간

Recipe

1 깻잎은 돌돌 말아 가늘게 채 썰고, 양파와 대파는 먹기 좋게 썬다.

2 명란젓은 껍질을 제거한다.

3 달군 팬에 올리브유를 두르고 양파와 대파를 넣어 중간 불에서 볶는다.

4 양파가 반투명해지면 다진 마늘을 넣어 볶다가 명란젓을 넣고 빠르게 섞는다.

5 알이 하얗게 익으면 그릭 요거트를 넣고 섞는다.

6 우유를 붓고 센 불에서 한소끔 끓인 후 소금을 넣어 섞는다. 밥을 넣고 약한 불에서 2~3분간 꾸덕꾸덕해질 때까지 익힌다.

7 후춧가루를 골고루 뿌린 후 접시에 담고 위에 깻잎을 올린다.
   Tip. 간이 슴슴하고 담백한 레시피이니, 짭짤하게 먹고 싶다면 소금, 후추를 추가하고 토핑으로 명란을 올려서 드시면 좋습니다.

Green Greek Chicken Curry

그린 그릭 치킨커리

그릭 요거트와 우유로 부드럽고 고소한 풍미를 끌어올린 커리예요.
시금치를 곱게 갈아 넣었기 때문에 전체적인 색깔이 초록빛을 띠어서
색다른 비주얼을 자랑하지요. 밥과 비벼 먹어도 맛있고 토르티야, 난,
바게트 같은 빵을 곁들여도 정말 잘 어울려요.

Time

• 45분

Ingredients

• 2차 유청 제거한 플레인 그릭 요거트
  50g(3~4큰술)
  + 만들기 챕터 2 참고
• 시금치 50g
• 양파 1/3개
  + 기호에 따라 버섯, 당근, 토마토 등 채소를
    추가한다.
• 닭가슴살 120g(또는 돼지고기, 소고기)
• 물 200㎖
• 올리브유 1큰술(또는 다른 요리유)
• 크러시드페퍼 1/4작은술
• 다진 마늘 1작은술
• 시판 카레가루 2~3큰술
• 흰 우유 100㎖
• 소금 1/3작은술
• 후춧가루 약간

Recipe

1 끓는 소금물에 시금치를 넣어 10~15초간 살짝 데친다.

2 데친 시금치를 찬물에 헹궈 물기를 꼭 짠 후 큼직하게 썬다.

3 믹서에 물, 시금치를 넣고 간다. 양파는 채 썰고, 닭가슴살은
   한입 크기로 작게 썬다.

4 달군 팬에 올리브유를 두르고 양파를 넣어 반투명해질 때까지
   중간 불에서 볶다가 닭가슴살, 크러시드페퍼, 다진 마늘을 넣고
   닭가슴살이 노릇해질 때까지 볶는다.
   Tip. 이때 더 맵게 먹고 싶다면 크러시드페퍼를 추가한다.

5 중간 불로 줄인 후 카레가루, 소금, 후춧가루를 넣고 30초간
   볶는다.

6 그릭 요거트를 넣고 주걱으로 자르듯 비무려가며 볶은 후 ③의
   시금치와 우유를 넣고 센 불에서 끓인다.

7 한소끔 끓어오르면 중간 불로 줄인 후 카레가 걸쭉해질 때까지
   저어가며 끓인다. 눌어붙기 쉬우므로 주의한다.

더 맛있게 즐기기
취향에 따라 마지막에
파마산치즈가루를
넣어보세요. 풍미가 더
좋아져요.

Grilled Veggie Salad with

Greek Yogurt Onion Dressing

그릭 요거트 어니언 드레싱을 곁들인
구운 채소 샐러드

구이, 튀김 등 각종 요리와 잘 어울리는 그릭 요거트 어니언
드레싱을 샐러드에 곁들여보세요. 버섯, 채소를 담백하게 구워
함께 먹으면 정말 맛있답니다. 마요네즈 대신 그릭 요거트를
활용해 부담 없이 즐길 수 있는 게 가장 큰 매력이지요.
튀김 요리 딥 소스로 활용해도 좋아요!

Time ─────

• 20분

Ingredients ─────

• 1차 유청 제거한 플레인 그릭 요거트
  40~50g(3~4큰술)
  + 만들기 챕터 2 참고
• 양파 1개
• 채소 또는 버섯 적당량(쥬키니 호박,
  가지, 새송이버섯 등)
• 달걀노른자 1개
• 스테비아 20g(2큰술, 또는 설탕)
• 머스터드 1/2큰술
• 소금 약간
• 후춧가루 약간
• 올리브유 약간

Recipe ─────

1 양파 1/2개는 가늘게 채 썰어 찬물에 담가 매운맛을 빼고,
   1/2개는 깍둑 썬다. 각종 채소와 버섯은 먹기 좋게 썬다.

2 믹서에 깍둑 썬 양파, 그릭 요거트, 달걀노른자, 스테비아,
   머스터드, 소금, 후춧가루를 넣고 곱게 간다.
   Tip. 취향에 따라 2차 유청을 제거한 꾸덕꾸덕한 그릭 요거트, 또는 1차 유청을
   제거한 부드러운 플레인 그릭 요거트 양을 달리해 농도를 조절할 수 있다.

3 볼에 ②와 채 썬 양파를 넣어 섞는다(그릭 요거트 어니언 드레싱
   완성). 기호에 따라 소금과 후춧가루로 간한다.
   Tip. 밀폐용기에 넣어 12시간 이상 숙성시키면 더 맛있다.

4 달군 팬에 올리브유를 두르고 버섯, 채소를 올려 앞뒤로
   노릇하게 구워 그릇에 담은 후 그릭 요거트 어니언 드레싱을
   뿌려 먹는다.

Salad Ball with

Spicy Tzatziki Sauce

스파이시 차지키 소스를 곁들인 샐러드볼

차지키 소스는 그릭 요거트로 만드는 그리스, 터키, 남동부 유럽, 중동 지역의 전통 요리예요. 드레싱, 딥 소스, 스프레드 등 다방면으로 활용 가능한 다이어트 건강 소스지요. 딜, 파슬리, 타임 등 각종 허브를 넣어 이국적인 풍미를 느낄 수 있답니다. 여기에 고춧가루, 페페론치노, 파프리카가루 등 매콤한 재료를 추가해보세요. 색다른 맛의 스파이시 차지키 소스를 만날 수 있을 거예요. 연어, 아보카도, 채소를 듬뿍 넣은 샐러드볼에 곁들이면 입맛 돋우는 브런치 한 끼로 그만이랍니다!

Time

• 25분(+숙성하기 4시간)

Ingredients

• 연어, 달걀, 아보카도, 각종 샐러드 채소
  적당량

▶ **스파이시 차지키 소스**
• 1차 유청 제거한 플레인 그릭 요거트
  200g
  + 만들기 챕터 2 참고
  + 꾸덕꾸덕한 맛을 원하면 2차 유청을
    제거한 그릭 요거트를 사용해도 좋다.
• 오이 1/2개
• 소금 1/2작은술
• 고춧가루 1~2g(1/4~1/2작은술, 또는
  다진 페페론치노)
• 다진 마늘 1/2큰술
• 다진 딜 2큰술
• 레몬즙 1/2큰술
• 올리브유 1큰술
• 후춧가루 약간

Recipe

1   오이는 강판에 간다.

2   볼에 오이, 소금을 넣고 잘 버무려 5분간 재운 후 오이의 물기를
    짜준다. 이때 손으로 꾹꾹 짜야 물이 덜 생긴다.

3   볼에 모든 재료를 넣고 잘 섞는다.

4   냉장실에 넣어 최소 4시간 이상 숙성시킨다.

5   볼에 연어, 삶은 달걀, 아보카도, 각종 샐러드 채소 등을 담아
    샐러드볼을 만든 후 스파이시 차지키 소스를 곁들인다.
    Tip. 고춧가루를 빼면 기본적인 차지키 소스로 즐길 수 있어요.
    Tip. 알싸한 맛을 좋아한다면 다진 마늘 1/2큰술 더 추가하세요.
    Tip. 모든 재료는 기호에 맞게 양을 가감해도 돼요.

Collect
19

오늘부터 집에서,
그릭 요거트

1판 1쇄 발행	2022년 12월 26일
1판 2쇄 발행	2023년 04월 10일

지은이	박현주(챱챱)
발행인	김태웅
기획편집	김유진, 정보영
디자인	로테의 책
마케팅 총괄	나재승
마케팅	서재욱, 오승수
온라인 마케팅	김철영, 정경선
인터넷 관리	김상규
제작	현대순
총무	윤선미, 안서현, 지이슬
관리	김훈희, 이국희, 김승훈, 최국호

촬영 소품 협찬	따뜻한식탁(@warmtable), 김소일도자기(@kimsoilceramic)
	하프하프(@halfhalf_)

발행처	(주)동양북스
등록	제2014-000055호
주소	서울시 마포구 동교로22길 14(04030)
구입 문의	전화 (02)337-1737 팩스 (02)334-6624
내용 문의	전화 (02)337-1734 이메일 dymg98@naver.com

ISBN	979-11-5768-841-8 13590